An
Introduction
to Practical
Biochemistry

生化学実験

田代 操

[編著]

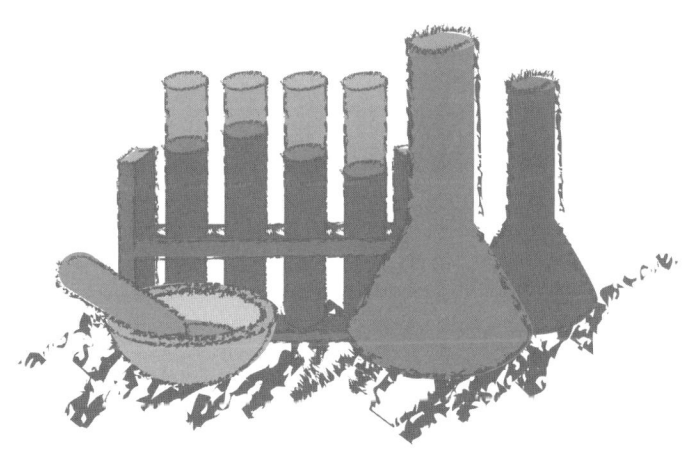

化学同人

執筆者一覧

加藤　靖夫　　帝塚山大学名誉教授（21, 22）
小垂　　眞　　京都光華女子大学名誉教授（15, 16, 17）
髙橋　享子　　武庫川女子大学生活環境学部食物栄養学科教授（23, 24, 25）
田代　　操*　 武庫川女子大学名誉教授（1, 2, 6, 7, 18）
馬場　恒子　　神戸松蔭女子学院大学名誉教授（3, 4, 5, 10）
福田　　満　　武庫川女子大学名誉教授（11, 19, 20）
横山　芳博　　福井県立大学生物資源学部海洋生物資源学科教授（12, 13, 26）
吉川　秀樹　　京都光華女子大学健康科学部健康栄養学科教授（8, 9, 14）

（50音順，カッコ内は担当章，*は編者）

はじめに

　生化学は，生命現象を化学的手法を用いて解析し，その本質を分子のレベルで理解しようとする学問である．したがって，生命現象にかかわる諸科学を専攻する学生にとって，生化学の知識は必須のものとなっている．しかしながら，生化学的知識，すなわち生体構成成分の性質やそれら成分が示す化学反応と生命機序との関連を理解するには，講義のみでは不十分であり，各自が実験を通して生体に触れることが必要である．

　本書は，生化学的知識の修得が必須の学生を対象とした実験用教科書として編集されたものであり，生化学を難解と感じ，興味を失いかけている学生にも"わかりやすくかつ興味を沸き立たせる"をモットーに執筆されている．とくに本書は，栄養士法が改定され，2002年から新しいカリキュラムが実施されている栄養士・管理栄養士養成課程の学生が，基礎専門分野である「人体の構造と機能」を理解するうえで大いに役立つように構成されている．

　本書は26章から成る．1，2章は，実験の基礎として，実験を行うに当たり最小限必要な事項を極力簡潔にまとめている．3〜5章は基本実験編であり，これもpH測定，滴定，分光光度計の扱いと最小限の内容とした．最初の化学実験が生化学実験というカリキュラムにも対応できるように配慮したものである．6〜26章が真の意味での生化学実験である．本書は研究者のための実験書ではないので，網羅的な分析法の羅列を避け，各章の実験は，基本的にそれぞれ目的をもった1回の授業（120〜270分）に対応するものである．また，それぞれの章の実験は，基礎的実験と応用的実験あるいは基礎的実験の補足実験に分け，かつおおよその実験実施時間を明示し，さまざまなカリキュラム，授業時間に対応できるようにした．さらに，実験材料に実験者の血液や尿，動物の臓器を多用し，先に示したモットーに従い，実験結果と生体との関連性に興味がもてるように工夫した．巻末には生化学実験に必要な情報を付録として加えた．

　生化学は，栄養士・管理栄養士をはじめとする，パラメディカルな分野の人びとにおいてもその重要性がますます増している．しっかりとした生化学的知識に基づき，生化学的検査結果を判断できるようになることが求められている．そのためにも学生時代に実験を通した基礎固めをしっかりしておくことが重要である．執筆者一同，本書がそのための役に立てることを願うとともに

に，本書を利用する読者の皆様のご意見，ご批判を仰ぎながら，よりよきものにしていきたいと考えている．最後に，本書を執筆するにあたっては多くの諸先輩方の実験書を参考にさせていただいた．また，出版にあたっては化学同人の山本富士子，津留貴彰両氏に多大なご尽力をいただいた．ここに厚くお礼申し上げる．

2004年8月

執筆者を代表して

田　代　操

目　次

I　実験の基礎

1　実験の心得 …………………………………………………………………… 3
2　基礎知識 ……………………………………………………………………… 6

II　基本操作に関する実験

3　水素イオン濃度とpH ……………………………………………………… 15
　3.1　pHメーターによるpHの測定（30分）　*16*
　3.2　緩衝液の調製と働き（90分）　*16*

4　容量分析 ……………………………………………………………………… 18
　4.1　0.1N水酸化ナトリウム溶液の調製と標定（60分）　*18*
　4.2　有機酸の定量（60分）　*19*

5　比色定量 ……………………………………………………………………… 21
　5.1　種々の物質の吸収極大（45分）　*23*
　5.2　ソモギー・ネルソン（Somogyi-Nelson）法によるブドウ糖の定量（90分）　*23*

III　生体成分に関する実験

6　糖質の定性実験と血糖の測定 …………………………………………… 29
　6.1　糖の定性反応（50分）　*29*
　6.2　血糖の測定　*31*
　　6.2.1　グルコースオキシダーゼ法による血糖値の測定（40分）　*31*
　　6.2.2　耐糖能試験（150〜200分）　*32*

7　肝臓グリコーゲンの分離と定量 ………………………………………… 34
　7.1　グリコーゲンの分離（60分）　*34*
　7.2　グリコーゲンの定量（60分）　*36*

8　脂質の定性実験と血中脂質成分の定量 ………………………………… 39
　8.1　脂質の定性実験（90分）　*39*
　　8.1.1　溶解性　*39*

8.1.2 ケン化　40
8.1.3 コレステロールの反応　40
8.2 血中リン脂質の定量（100分）　41

9 肝臓脂質の抽出と定量　43
9.1 ホルチ法による脂質の抽出（120分）　43
9.2 肝臓中脂質の定量　45
9.2.1 中性脂肪の定量（60分）　45
9.2.2 コレステロールの定量（60分）　46

10 タンパク質，アミノ酸の定性および定量実験　47
10.1 タンパク質，アミノ酸の定性（90分）　47
10.2 タンパク質の定量　50
10.2.1 ローリー（Lowry）法（90分）　50
10.2.2 紫外部吸収法（60分）　51

11 タンパク質の分離とカラムクロマトグラフィー　53
11.1 溶解性の違いを利用するタンパク質の分離　54
11.1.1 溶媒に対する溶解性の違い，および塩析を利用する分離（60分）　54
11.1.2 等電点によるタンパク質の分離（60分）　55
11.2 ゲルろ過およびイオン交換カラムクロマトグラフィーによる
タンパク質の分離精製（180分）　56

12 核酸の分離抽出と定量　60
12.1 肝臓の核酸の分離抽出——シュミット・タンハウザー・シュナイダー法（180分）　60
12.2 核酸の定量—— RNA および DNA の定量　61
12.2.1 RNA 定量（オルシノール法）（60分）　61
12.2.2 DNA 定量（ジフェニルアミン法）（45分）　63

13 DNA の調製と観察，および定量実験　65
13.1 肝臓からの DNA の調製（90分）　65
13.2 核酸の紫外吸収と変性——定量，純度検定および融解温度（90分）　67

14 ビタミンの定性および定量実験　70
14.1 ビタミンの定性実験（80分）　70
14.2 尿中ビタミンCの定量（150分）　72

15 ミネラルの定性および定量実験　75
15.1 尿中ミネラルの定性（60分）　75
15.2 尿中塩素と血清鉄の定量　76

  15.2.1 尿中塩素の定量（モール法）（40分） *76*
  15.2.2 血清鉄の定量（60分） *77*

16 *in vitro* 消化実験 ... **79**
 16.1 パンクレアチンによるデンプン，脂肪，およびタンパク質の消化（100分） *79*
 16.2 ヨウ素デンプン反応による唾液アミラーゼの活性度の測定（60分） *82*

17 プロテアーゼ ... **84**
 17.1 ペプシンとパンクレアチンによるタンパク質の人工消化（240分） *84*
 17.2 トリプシン阻害反応――大豆トリプシンインヒビターの作用（80分） *86*

18 酸性ホスファターゼ ... **88**
 18.1 酵素の抽出（60分） *88*
 18.2 酵素反応（120分） *89*

19 細胞分画とマーカー酵素活性 ... **94**
 19.1 細胞分画（100分） *94*
 19.2 ミトコンドリアのマーカー酵素活性
   ――コハク酸デヒドロゲナーゼ活性の測定（50分） *97*

20 ヘマトクリットとヘモグロビン濃度 ... **100**
 20.1 ヘマトクリット（30分） *100*
 20.2 ヘモグロビン濃度（40分） *101*

21 血清タンパク質の電気泳動とアルブミン／グロブリン（A/G）比 ... **104**
 21.1 血清タンパク質のセルロースアセテート膜電気泳動（90分） *104*
 21.2 アルブミン／グロブリン（A/G）比の測定 *106*
  21.2.1 セルロースアセテート膜電気泳動による A/G 比（30分） *106*
  21.2.2 血清タンパク質の溶解性を利用する A/G 比（60分） *107*

22 血清中の酵素と臨床検査 ... **109**
 22.1 GOT，GPT 活性の測定（120分） *109*
  22.1.1 GOT，GPT 活性の比色測定法 *109*
  22.1.2 GOT，GPT 活性の UV 測定法 *111*
 22.2 ALP，LDH の測定（90分） *112*
  22.2.1 ALP の測定 *112*
  22.2.2 LDH の測定 *113*

23 尿の簡易検査とクレアチン，クレアチニンの定量 ... **114**
 23.1 検査紙による尿成分の簡易検査（30分） *114*
 23.2 クレアチン，クレアチニンの定量（150分） *116*

24 尿中尿素窒素および総窒素の定量 ……………………………………………………… *119*
 24.1 尿中尿素窒素の定量（90分） *119*
 24.2 総窒素の定量（ケルダール法）（180分） *121*

25 抗原抗体反応に関する実験 ……………………………………………………………… *125*
 25.1 沈降反応（重層法）（90分） *125*
 25.2 食物アレルゲン–IgE 結合（ELISA 法）（240分） *126*

26 遺伝子操作に関する基礎実験──外来遺伝子の導入 ……………………………… *129*

参考書 ………………………………………………………………………………………………… *135*

付　録 ………………………………………………………………………………………………… *137*

索　引 ………………………………………………………………………………………………… *147*

I 実験の基礎

実験を行ううえで必要な
基礎知識を確認する.

**An Introduction to
Practical Biochemistry**

Ⅰ 実験の基礎

① 実験の心得

　生化学は，生命現象を化学的手法を用いて解析し，その本質を分子のレベルで理解しようとする学問である．すなわち，生物を構成する物質の化学的性質を明らかにし，これら物質の生体内における化学変化と生命現象との関連を解明することである．

　生化学に関する学生実験は，このような生化学で得られた知見を実験で確認し，より深く理解するために行われる．そのために，以下の点を心がけて実験を進めることが大切である．

（1）実験の目的を正しく理解する

　実験を行う前に，何の目的でどのような実験を行うのかをよく理解しておく．そのためには，実験のテキストのみならず生化学のテキストなどにも充分目を通し，必ず予習をしておく．

（2）実験操作をしっかり把握する

　実験の操作の流れと意味を把握しておく．これには，次の項目を実行することが効果的である．
① 自分でフローチャートを作成するなどして，実験の流れをイメージできるように訓練する．
② 実験前の説明をよく聞き，自分の理解とのずれを補正する．
③ 疑問点があれば，指導教官に質問などして，その場で解決しておく．

（3）実験に適した身支度をする

　実験着（白衣）を着用し，靴は底の低い上履きに履き替え，さらに実験に支障をきたさないように長い髪は束ねる．

（4）整理整頓された実験室，実験台で実験する

　実験テキストや専用の実験ノート以外の実験に不必要なもの（鞄やバッグ類など）は，床や実験台に置かない．実験台上は常に清潔に保つ．

（5）身勝手な行動は慎む

　大声を出したり，他人に予測不能な行動（急激な方向転換や腕の上げ下ろしなど）をとったりしない．また，他人の行動にも充分気を配って実験する．

（6）実験ノートに記録を正確に書き留める

　専用の実験ノートを用意し，単に結果のみでなく，操作の変更や現象の変化などを克明に記録する．

（7）廃液，廃棄物の処理をきちんと行う

試薬や廃液，廃棄物を捨てる場合には，指示に従って処理する．勝手に流しに流したり，ゴミ箱に捨てたりしない．

（8）危険防止に留意する

試薬の誤飲，火災，やけど，器具の破損によるけがなどに注意する．このためには，以下の点に留意する．

① 危険な試薬は，安全ピペッターなどを用いて測りとる．
② エーテル，アルコール，アセトンなどの有機溶媒は，火気のある実験台では絶対に取り扱わない．
③ ガスバーナーの青い炎は，明るい室内ではよく見えないことがあるが，高温なので注意する．
④ 試験管や遠心沈殿管をガラスビーカーなどに入れて保持しない．
⑤ 試薬や器具は，実験台の縁には絶対置かない．一時的に台上に置いておく場合は，台の奥に移動させる．
⑥ ガラス器具の洗浄にはブラシなどを用い，素手で行わない．

（9）応急処置を心得ておく

事故が起きた場合はすぐに届け出て指示に従うとともに，応急処置ができるように以下の点を心がけておく．

① 火災の発生時は，まず火元を消す．そのために不燃物や濡れ雑巾などで火元の空気を遮断する．
② やけどは，すぐに流水や氷水で患部を充分に冷やす．
③ ガラスでケガをしたときは，まず傷口のガラス破片を取り除き，水道水で洗い流し，消毒後止血する．
④ 濃いアルカリや酸が付着した場合は，すぐに乾いた布で拭き取り，大量の水道水で洗い流す．
⑤ 薬品が口に入ったときは，すぐに吐き出し，大量の水道水でよく口を洗う．

（10）しっかりと後始末する

実験を終えたら，使用器具を所定の方法できれいに洗浄し，器具類を返却し，実験台と実験室を清掃し，最後に電気，ガス，水道の確認を行う．

（11）レポートを提出する

実験は，単に行っただけではダメで，その結果を整理検討し，レポートにまとめて提出して，初めて完了したことになる．レポートは指定の用紙を用い，指示された形式を守るべきである．一般には，次のような形式をとる．

●レポートの形式●

(1枚目，表紙)

① **表題**
② **実験日，天候，気温**
③ **報告者名**（共同実験者は分けて書く）

(2枚目以降，本文)

④ **実験目的**
　実験によって何を明らかにするかを書く．
⑤ **実験方法**
　a) 試薬，b) 器具，c) 操作などに分けて書く．
⑥ **実験結果**
　必要に応じて表や図を用いる．
⑦ **考察**
　得られた結果と文献により調べた事柄とを比較検討し，意見を述べる．また，予想される結果がでなかった場合には，その原因を考える．
⑧ **参考文献**
　書き方は以下のようにする．
著者名：書物名，ページ，出版社名（発行年）
著者名：雑誌名，巻，ページ（発行年）

I 実験の基礎

❷ 基礎知識

生化学実験では，用いる単位や用語の定義，また，結果を表示する有効数字の桁数をしっかり把握しておく必要がある．さらに，基本的な試薬や器具に関する知識も必要である．

(1) 単位

生化学実験で用いる単位は，一般的には，長さが cm または mm，質量が g または mg，体積が l または ml，温度が摂氏温度の℃である．国際単位系（SI）を以下に示す．

(a) SI の基本単位

長さ…メーター，meter（m）　　　質量…キログラム，kilogram（kg）
時間…秒，second（s）　　　　　　電流…アンペア，ampere（A）
熱力学温度…絶対温度，kelvin（K）　物質量…モル，mol（mol）
光度…カンデラ，candela（cd）

(b) SI の誘導単位

力…ニュートン，newton（N）＝ kg・m/s^2
エネルギー…ジュール，joule（J）＝ N・m
圧力…パスカル，pascal（Pa）＝ N/m^2
温度…摂氏温度，celsius（℃）（0℃ ＝ 273.15 K）

(c) SI と併用できる単位

長さ…オングストローム，angstrom（Å）＝ 10^{-10} m
質量…トン，ton（t）＝ 10^3 kg
時間…分（min），時（h），日（d）
体積…リッター，liter（l）＝ 10^{-3} m^3 ＝ (10 cm)^3
圧力…バール，bar（bar）＝ 10^5 Pa

(d) SI 接頭語

10 ＝ deca（デカ，da），10^2 ＝ hecto（ヘクト，h），10^3 ＝ kilo（キロ，k），10^6 ＝ mega（メガ，M），10^9 ＝ giga（ギガ，G），10^{12} ＝ tera（テラ，T），10^{15} ＝ peta（ペタ，P），10^{18} ＝ exa（エクサ，E）
10^{-1} ＝ deci（デシ，d），10^{-2} ＝ centi（センチ，c），10^{-3} ＝ milli（ミリ，m），10^{-6} ＝ micro（マイクロ，μ），10^{-9} ＝ nano（ナノ，n），10^{-12} ＝ pico（ピコ，p），10^{-15} ＝ femto（フェムト，f），10^{-18} ＝ atto（アト，a）

(2) 用語

原子量…原子の平均質量を，^{12}C の原子の質量を12として相対的に表した値．相対値なので単位はない．

分子量…分子の平均質量を，^{12}C の原子の質量を12として相対的に表した値．相対値なので単位はない．分子量は構成原子の原子量の和に等しい．
モル（mol）…原子，分子，イオンなど同一種類の粒子のアボガドロ数個（6.02×10^{23}個）の集団を1モルという．
モル質量…同一種類の粒子1モルあたりの質量．原子量や分子量にg/molの単位をつけたもの．

（3）濃度
重量パーセント濃度（w%）…溶液100 g中に含まれる溶質の量をg数で表した濃度．
容量パーセント濃度（v%）…溶液100 ml中に含まれる溶質の量をml数で表した濃度．
重量対容量パーセント濃度（w/v%）…溶液100 ml中に含まれる溶質の量をg数で表した濃度．一般に，血液や尿中の成分の含有量を表すのに用いられる．
モル濃度（mol/l，M）…溶液1l中に含まれる溶質の量をmol数で表した濃度．
規定濃度（グラム当量/l，N）…溶液1l中に含まれる溶質の量をグラム当量数で表した濃度．

（4）有効数字
実験値として意味のある数字を有効数字といい，通常，確実な位の数字全部と，その次の不確実な位の数字をあわせて表示する．

（a）測定値の表示
アナログ表示の器具を用いて測定する場合は，肉眼で最小目盛の1/10桁まで読みとる．たとえば，0.01まで目盛ってある分光光度計では，小数第3位を目分量で読む．図のA（図2.1A）のような場合は，0.153と表示する．また図のB（図2.1B）のような場合は，針は0.2に一致しているように読みとれるが，その表示は0.2ではなく0.200としなければならない．これは，小数第3位までが有効数字であることを示しているからである．一方，デジタル表示の器具では，表示された値がそのまま有効数字となる．たとえば，デジタル表示の分光光度計で0.153と示されれば有効数字は0.153である．この場合，小数第3位の数値の3は，アナログの場合と同様に必ずしも確実な値ではないことが多い．

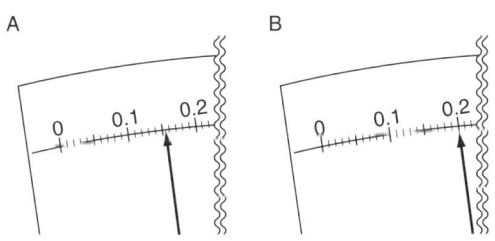

図2.1　分光光度計のアナログ表示

（b）有効桁数
有効桁数とは，小数点を含む数字において，0（ゼロ）でない最高の位から0（ゼロ）を含む最低の位までの桁数をいう．たとえば，先の分光光度計の読みとり値の0.200の有効桁数は，4桁でも1桁でもなく，3桁である．

(c) 数値の丸め方と計算

分光光度計の四つの測定値0.201, 0.200, 0.200, 0.201の平均値を求める場合，値は0.2005と計算される．しかしながら，表示は有効桁数3桁でよいので，0.2005を小数第3位までに丸めればよい．一般的には，有効数字の次の位（ここでは，小数第4位）の数字を四捨六入する．この場合のように対象の数が5のときは，その前の数が0または偶数なら切り捨てて奇数なら切り上げる．したがってこの場合は切り捨てて0.200となる．

一方，多くの数字を加減乗除する場合は，最後の有効数字の次の位の数字は最終結果が出るまで残しておき，そこで丸めるのがよい．たとえば，有効桁数3桁の数字10.3と0.231を加算し，それに3.00を乗ずる場合，加算の和を10.5と丸めずに10.53とし，この数字に3.00を乗じて31.59を算出し，最終的に31.6に丸めるのがよい．

(5) 試薬

試薬とは，理化学的試験，検査，分析，研究，実験，および特殊工業などに使用するために必要な特定の純度をもった薬品類である．試薬の規格は日本工業規格（JIS）で定められており，純度にしたがってJIS試薬一級，JIS試薬特級などがある．学生実験では，おもに一級が使われる．基本的な市販の酸・アルカリ試薬の濃度を表2.1に示す．試薬の取り扱いについては以下の点に注意する．

① エーテル，アセトン，アルコールなどの有機溶媒は引火性なので，火気の近くでは絶対に取り扱わない．
② 濃塩酸，発煙（濃）硝酸，塩素，強アンモニア水などは有毒ガスを発生するので，ドラフト内で取り扱う．
③ 強酸，強アルカリ，硝酸銀，トリクロロ酢酸などは腐蝕性なので，皮膚などにつけないように注意する．
④ その他，試薬のラベル表示に注意して，毒物，劇物，あるいは危険物指定があれば，指導教官の指示にしたがって，慎重に取り扱う．

表2.1 市販試薬の濃度

市販品	比重 (15℃/4℃)	g/100 g (w%)	g/100 ml (w/v%)	モル濃度 (M)	規定濃度 (N)
濃塩酸	1.19	37	44.0	12	12
濃硝酸	1.42	70	99	16	16
濃硫酸	1.84	96.2	177	18	36
濃リン酸	1.71	85	145	14.8	44.4
氷酢酸	1.06	98	104	17.3	17.3
強アンモニア水	0.90	28	25	15	15

(6) 実験器具
(a) 一般的な器具類
試験管…少量で行う化学反応や酵素反応に用いられる．

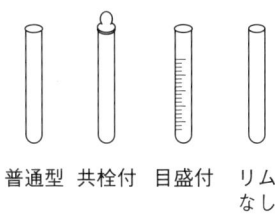

図2.2

ビーカー…試薬の溶解や液体の混合に用いられる．

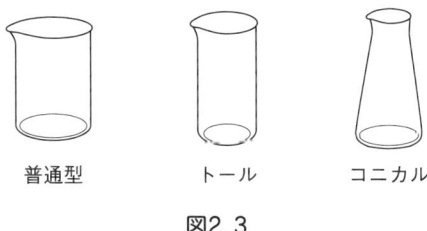

図2.3

フラスコ…多くの種類があり，化学反応の容器，溶液の貯蔵，濃縮用容器，減圧蒸留の受器などに用いられる．

図2.4

ロート…沈殿と母液や2層の液の分離，物質の抽出などに用いられる．

図2.5

その他…用途に応じてさまざまなの器具がある．

図2.6

(b) 測容器具類

メスシリンダー…それほど精密度を必要としない溶液の測容に用いられる．通常，目盛は充満容量（記号は E または TC）であるが，放出容量（記号は A または TD）もある．

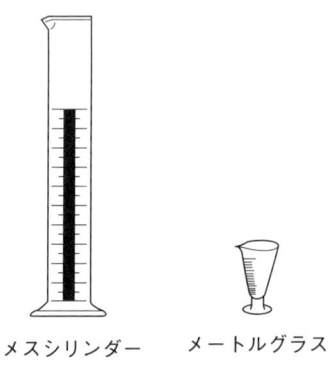

図2.7

メスフラスコ…一定の濃度の溶液を正確に調製するのに用いられる．通常，目盛は充満容量を表示している．

メスフラスコ

図2.8

ピペット…少量の溶液を採取するときに用いられる．目盛は放出容量を示している．

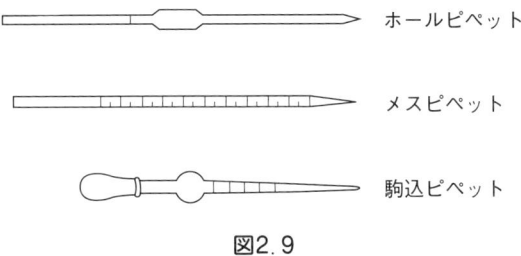

ホールピペット

メスピペット

駒込ピペット

図2.9

ビュレット…滴定などに使用され，溶液を滴下して放出容量を正確に測るのに用いられる．

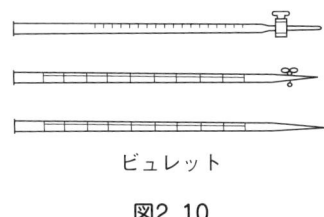

ビュレット

図2.10

(c) 器具の洗浄と乾燥

実験に使用した器具はただちに洗浄するのが原則である．洗浄した器具は水切りカゴに入れ，自然乾燥するか，急ぐ場合は電気乾燥器に入れて乾かす．洗浄と乾燥の例を図2.11に示す．

I 実験の基礎

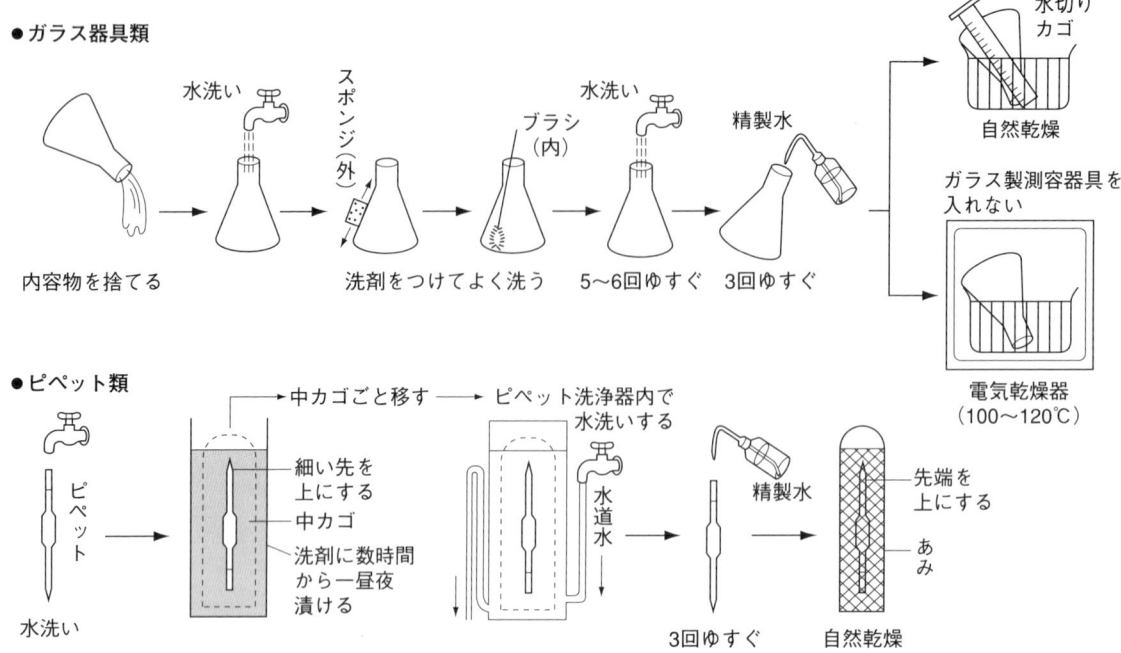

図2.11 器具の洗浄と乾燥

II 基本操作に関する実験

基礎的な実験で，pHメーターの使い方，滴定の仕方，分光光度計の扱い方をマスターする．

An Introduction to Practical Biochemistry

II 基本操作に関する実験

3 水素イオン濃度とpH

pHとは水素イオン濃度指数で，水溶液の液性（酸性，中性，塩基性）を数値化して表したものである．水溶液の液性は水溶液中の水素イオン濃度（mol/l）[H$^+$]で決まるが，その濃度は小数点以下の小さな数値になるので水素イオン濃度の逆数の常用対数で表し，これをpHと称する．

$$\mathrm{pH} = \log 1/[\mathrm{H}^+] = -\log[\mathrm{H}^+]$$

このように定義すると，pH＝7が中性になり，pH 7以下が酸性，pH 7以上が塩基性になる．

水素イオン濃度の異なる溶液を薄いガラスの膜で分離すると，この膜の両側に電位差が生じる．この電位差はこれらの溶液のpHに比例する．一方の溶液のpHを一定にして，この電位差を測定することによって他方のpHを知ることができる．この原理を利用したのがpHメーター（図3.1）である．ガラス薄膜からなるガラス電極と銀・塩化銀からなる比較電極の組合せで電位差を測定する．最近はガラス電極と比較電極を一体化した複合電極が用いられる（図3.2）．pHの測定はpHメーターを用いる方法とpH試験紙を用いる方法がある（図3.3）．

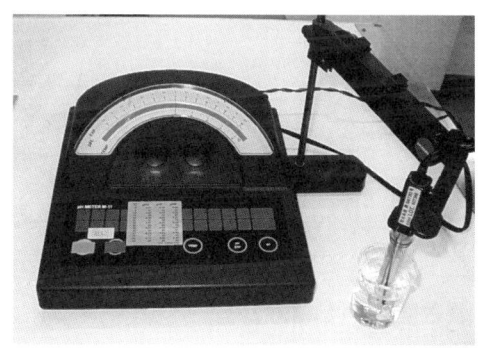

図3.1 pHメーター

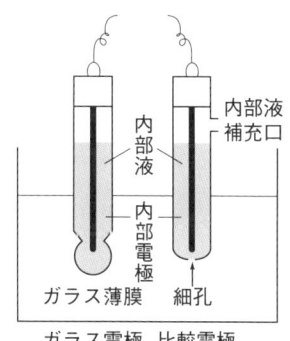

図3.2 pHメーターの電極

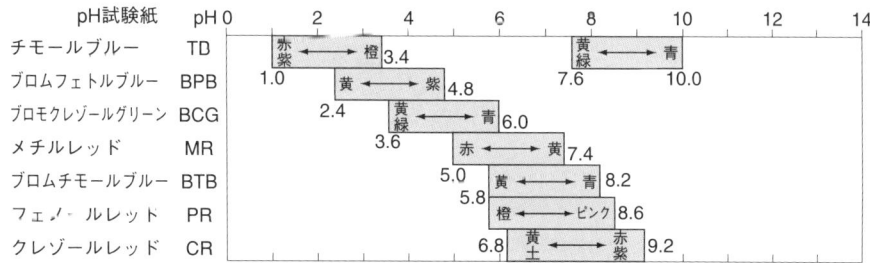

図3.3 pH試験紙の変色域

3.1　pHメーターによるpHの測定（30分）

■ 準備するもの ■

【器具】
pHメーター

【試薬】
pH標準液2種（pH 7とpH 4またはpH 9）

【試料】
①　0.01 M HCl，0.1 M HCl
②　0.01 M NaOH，0.1 M NaOH

■ 実験操作 ■

①　pHメーターの電源を入れる．
②　電極を精製水で洗い，ろ紙または実験用ティッシュで水分をふきとる．
③　電極の内部液補充口ゴム栓を開ける．
④　pH 7標準液に電極を浸ける．標準液の温度を測定し，その温度に対応するpH値になるように「STD」ダイアルで調節する．
⑤　電極を洗い，水分をふきとったあと，pH 4またはpH 9標準液に浸ける．④と同様に標準液の温度に対応するpH値になるように「SLOPE」ダイアルで調節する．
⑥　もう一度pH 7標準液のpH値を確認できれば，標準液校正の終了である．pH値が合っていない場合は「STD」ダイアルで調節し，さらにpH 4またはpH 9標準液でpH値が合っていることを確認する．
⑦　電極を洗い，水分をふきとって，試料液のpHを測定する．

■ まとめ ■

試料溶液の濃度と電離度から水素イオン濃度とpHを計算し，実測したpHと比較考察する．

3.2　緩衝液の調製と働き（90分）

　精製水は酸や塩基を少量加えるだけでpHが大きく変化する．しかし生体では体液のpHがわずかでも変化すると，その機能は正常に働かなくなる．生体に関する研究では一定のpHを維持する必要があり，溶媒として精製水ではなくpHの変化の少ない緩衝液が用いられる．
　緩衝液は少量の酸や塩基を加えても，またはその溶液を濃縮しても希釈しても，pHが大きく変化しないように調製された溶液である．弱酸とその塩，または弱塩基とその塩の混合溶液が緩衝作用をもつ．

■ 準備するもの ■

【器具】
①　pHメーター　　②　マグネティックスターラー　　③　ビュレット

【試薬】
① 0.01 M リン酸一水素ナトリウム（Na_2HPO_4）
② 0.01 M リン酸二水素カリウム（KH_2PO_4）
③ 0.005 M リン酸一水素ナトリウム（Na_2HPO_4）
④ 0.005 M リン酸二水素カリウム（KH_2PO_4）
⑤ 0.01 N 硫酸（H_2SO_4）

実験操作

① 200 ml 容ビーカー中で 0.01 M リン酸一水素ナトリウムと 0.01 M リン酸二水素カリウムを 50 ml ずつ混ぜて，pH を測定する．

② マグネティックスターラーで混合溶液を攪拌し，pH を測定しながら，0.01 M リン酸二水素カリウムを少量ずつ加えて，pH 7.0 のリン酸緩衝溶液（0.01 M）を調製する．

③ 0.005 M リン酸一水素ナトリウムと 0.005 M リン酸二水素カリウムを用いて，②と同様にして pH 7.0 の 0.005 M リン酸緩衝溶液を調製する．

④ 精製水 20.0 ml を正確に量りとって，その pH を測定する．

⑤ 正確な量の 0.01 N 硫酸をビュレットより精製水 20 ml 中へ滴下し，充分に混和して pH を測定する．0.01 N 硫酸は最初の 1.0 ml までは 0.1 ml ずつ，1.0 ml から 5.0 ml までは 1.0 ml ずつ，5.0 ml からは 5.0 ml ずつ滴下する．

⑥ リン酸緩衝溶液（0.01 M または 0.005 M）20.0 ml を正確に量りとって，その pH を確認する．

⑦ ビュレットより 0.01 N 硫酸を 0.5～1.0 ml ずつ 20.0 ml のリン酸緩衝溶液中へ滴下し，充分に混和してから pH を測定する．

まとめ

精製水およびリン酸緩衝溶液（二種類）の pH の変化と硫酸滴下量の関係を 1 枚のグラフ用紙に表し，緩衝溶液の働きについて考える．

II 基本操作に関する実験

4 容量分析

容量分析とは，定量したい物質を含む溶液を一定量とり，その物質と定量的に反応する物質の既知濃度溶液で滴定し，反応が終了するまでの容量を測定し，その当量関係から定量したい物質の量を求める方法である．容量分析を行うには，正確な濃度の標準溶液と反応終了を示す指示薬が必要である．定量的な化学反応の種類によって中和滴定法，酸化還元法，キレート滴定法や沈殿滴定法がある．

4.1 0.1N水酸化ナトリウム溶液の調製と標定（60分）

0.1N水酸化ナトリウム溶液を調製し，シュウ酸標準溶液との中和滴定により，水酸化ナトリウム溶液を標定する．

◆ 原 理 ◆

酸と塩基の中和点近辺ではpHが大きく変化し，pH指示薬の色も変化することから中和点を知ることができる．この中和反応を利用して酸または塩基の濃度を求める．

◆ 準備するもの ◆

【器具】
① メスフラスコ　② 上皿天秤　③ ビュレット

【試薬】
① 水酸化ナトリウム（NaOH）
② 0.1Nシュウ酸標準溶液：シュウ酸二水和物〔$(COOH)_2 \cdot 2H_2O$〕の結晶6.3035gを正確に量りとり，精製水で溶解後1lに定容する．
③ フェノールフタレイン指示薬

◆ 実験操作 ◆

① 1N水酸化ナトリウム溶液を100mlつくるのに必要な水酸化ナトリウム量（g）を計算する．
② 水酸化ナトリウムの必要量を量りとり，100ml水溶液に調製する．
③ 1N水酸化ナトリウム溶液を希釈して，0.1N水酸化ナトリウム溶液を調製する．
④ 0.1Nシュウ酸溶液を正確に5.00ml量りとって50ml容三角フラスコに入れ，さらにフェノールフタレイン指示薬を1～2滴加える．
⑤ ビュレットに0.1N水酸化ナトリウム溶液を入れ，目盛を読む．
⑥ ビュレットのコックを開いて，0.1N水酸化ナトリウム溶液を三角フラスコに滴下し，逐次

反応させる．
⑦ 指示薬が変色（微赤色）したときを反応の終点として，ビュレットの目盛を読み，滴定に要した 0.1 N 水酸化ナトリウム溶液の容積（V ml）を計算する．

■ まとめ ■

次式を用いて 0.1 N 水酸化ナトリウム溶液の正確な濃度（F × N）およびファクター[*1]（F）を求める．

$$f \times n \times v = F \times N \times V$$

　　f ：シュウ酸標準溶液のファクター（f = 1.00）
　　F ：求める水酸化ナトリウム溶液のファクター
　　n ：シュウ酸標準溶液の規定濃度（0.1 N）
　　N ：水酸化ナトリウム溶液の規定濃度（0.1 N）
　　v ：シュウ酸標準溶液の容量（5.00 ml）
　　V ：水酸化ナトリウム溶液の滴定値（V ml）

[*1] 標準溶液の正確な濃度は，標準溶液を調製するときに目標とした濃度とファクターの積として表せる．ファクターとは，その溶液の正確な濃度と目標とした濃度との比である．標準溶液の正確な濃度を M，目標とした濃度を M′ とすれば，M = M′ × F となる．

4.2　有機酸の定量（60分）

標定された 0.1 N 水酸化ナトリウム溶液を用いて，食品中の有機酸の定量を行う．

■ 原　理 ■

食品中に含まれる有機酸はいずれも弱酸であるので，フェノールフタレインを指示薬として，強塩基との中和滴定で定量できる．

■ 準備するもの ■

【器具】
① 秤量瓶　② 電子上皿天秤または直示化学天秤　③ ビュレット

【試薬】
① 標定された 0.1 N 水酸化ナトリウム溶液　② フェノールフタレイン指示薬

【試料】
食酢

■ 実験操作 ■

① 秤量瓶の重さを正確に測定する（W_1）．秤量瓶に約 10 g の食酢を入れて正確な重量（W_2）を測定して，食酢の正確な重量（$W_2 - W_1$）を求めておく．
② 精秤した食酢をメスフラスコ（100 ml 容）に移す．秤量瓶のすすぎ水も加えて精製水で定

容にする．

③ 食酢希釈液を正確に5.00 m*l* 量りとって，三角フラスコに移す．

④ フェノールフタレイン指示薬を1～2滴加える．

⑤ 0.1 N 水酸化ナトリウム溶液を滴下し，赤色が30秒間消えないときを中和点として滴定量（V m*l*）を読みとる．

まとめ

食酢中の酢酸濃度を計算する．

【計算】

酢酸（％）＝ 0.00600 × V × F ×（希釈全容量（m*l*）/試料容量（m*l*））× 100/S

0.00600：0.1 N 水酸化ナトリウム溶液1.00 m*l* に相当する酢酸量（g）
V：0.1 N 水酸化ナトリウム溶液滴定量（m*l*）
S：試料重量（$W_2 - W_1$）
F：0.1 N 水酸化ナトリウム溶液のファクター
希釈全容量：100 m*l*
試料容量：5.00 m*l*

II 基本操作に関する実験

5 比色定量

物質は構造や結合によって，決まった波長の光を吸収する．比色定量では，この性質を使いその波長の光の吸収量またはそれによって生じる色の濃さで物質を定量する．物質が吸収する光の波長は分光光度計で得られる．横軸に波長，縦軸に吸光度をとり，波長と吸光度の関係を描いたものを吸収曲線といい，その中で最も強く吸収している波長を吸収極大という．比色定量には，各種既知濃度の標準溶液の色調を比較する方法や，分光光度計を用いて吸収極大の波長の吸光度を測定する方法がある．吸光度の測定によって物質の濃度が測定できるのは，ランバート・ベールの法則に基づいている．

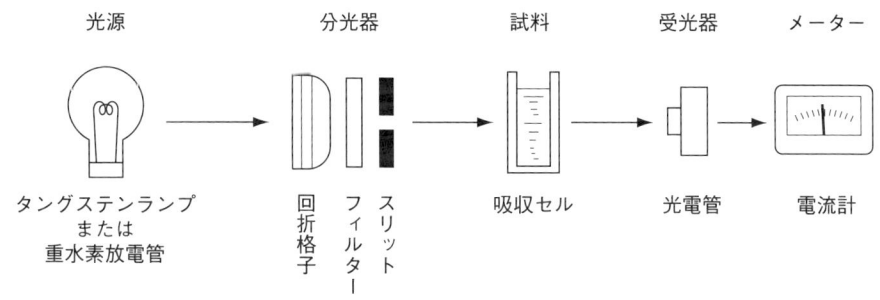

図5.1 分光光度計の基本構造

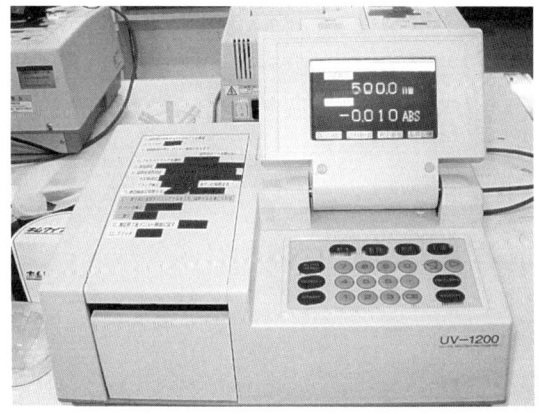

図5.2 分光光度計

● ランバート・ベール（Lambert-Beer）の法則

色のついた稀薄溶液において，ある波長の光に対して，吸光度はその溶液の濃度に比例する．これは溶液濃度が一定のとき，入射光と溶液に吸収されたあとの透過光との比の対数が光の通っ

た液層の厚さに比例するというランバートの法則と，光の通る液層の厚さが一定のときは吸収される光の量は溶液の濃度に比例するというベールの法則を組み合わせたものである（図5.3）．

入射光を I_0，透過光を I，液層の厚さを d とすると，ランバートの法則より，

$$\log(I_0/I) = \mathrm{k}d$$

が成り立つ．ここで，k は定数である．

吸光度 E を $\log(I_0/I)$ とすると，ベールの法則より吸光度は，

$$\mathrm{E} = \log(I_0/I) = \mathrm{k}'C$$

と表される．ここで，k' は定数，C は溶液の濃度である．

二つの法則を合わせると，

$$\mathrm{E} = \log(I_0/I) = KdC$$

が成り立つ．K は吸光係数ともよばれ，物質によって決まる値である．

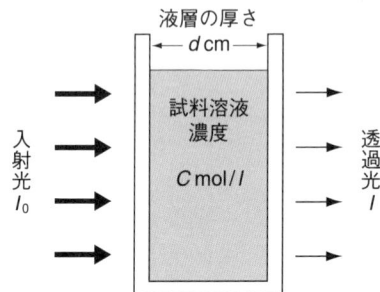

図5.3　ランバート・ベールの法則

● 検量線

定量したい物質を数種類の濃度に調製して標準溶液をつくり，それらの吸光度を測定する．横軸に濃度，縦軸に吸光度をとると，ランバート・ベールの法則より一次関数のグラフが得られる．これを検量線という．定量したい物質の未知濃度溶液の吸光度を測定し，検量線から濃度を求めることができる（図5.4）．

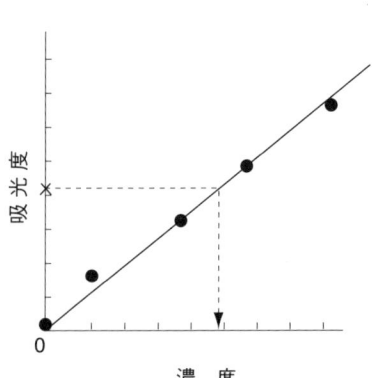

図5.4　検量線

5.1 種々の物質の吸収極大（45分）

準備するもの
【器具】
分光光度計
【試料】
① ヘモグロビン　② チトクローム c

実験操作
① 試料溶液を適当な濃度に調製する．
② 分光光度計の電源を入れて，ウォームアップしておく．
③ 精製水で零調整をしたあと，試料の吸光度を測定する．調べたい範囲の波長を5nmごとにずらしていく．

まとめ
横軸に波長，縦軸に吸光度をとって吸収曲線を描き，吸光度が最大になる波長を求める（図5.5）．

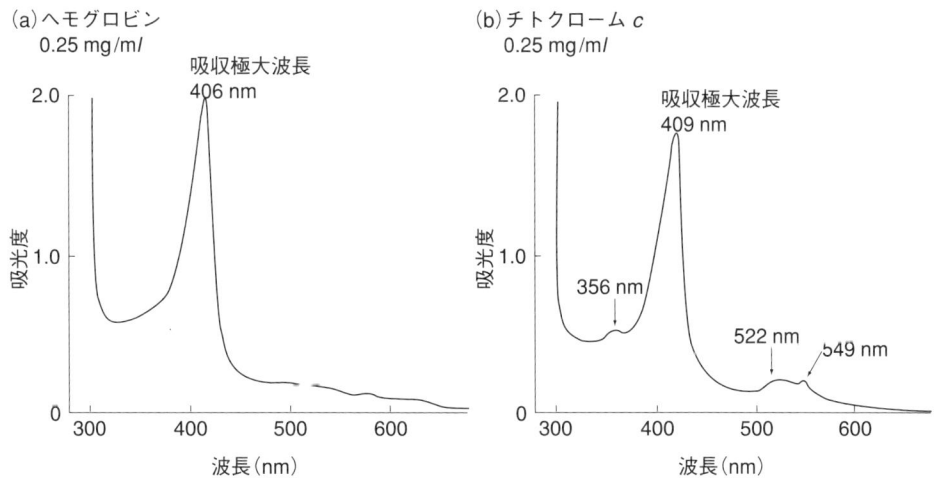

図5.5　吸収曲線と吸収極大

5.2 ソモギー・ネルソン（Somogyi-Nelson）法によるブドウ糖の定量（90分）

原理

還元糖をアルカリ性銅試薬とともに加熱すると，2価の銅イオンが1価の銅イオンに還元される．生じた1価の銅イオンはヒ素モリブデン酸塩を定量的に還元し，糖量に比例するモリブデン青を生じさせる．したがって，このモリブデン青を比色することにより糖量を知ることができる．

準備するもの

【器具】
① 恒温槽（または，ヒーティングブロック）　② 分光光度計
③ 15 ml 共栓付き目盛試験管

【試薬】
① ブドウ糖標準液（100 μg/ml）
② 銅試薬：リン酸一水素ナトリウム12水和物（$Na_2HPO_4 \cdot 12H_2O$）30.5 g，酒石酸ナトリウムカリウム（$KNaC_4H_4O_6$）20.0 g を約 250 ml の水に溶かす．1 N 水酸化ナトリウム（NaOH）50 ml を加え，ついで攪拌しながら硫酸銅五水和物（$CuSO_4 \cdot 5H_2O$）4 g を 40 ml の精製水に溶かしたものを加えて，加温し，最後に無水硫酸ナトリウム（Na_2SO_4）90.0 g を加えて全量を 500 ml にする．数日常温で放置後，ろ過して褐色瓶に保存する．
③ Nelson 試薬：モリブデン酸アンモニウム四水和物〔$(NH_4)_6Mo_7O_{24} \cdot 4H_2O$〕25 g を精製水 400 m$l$ に溶かし，これに濃硫酸 21 g を加えてよく混合し，さらに砒酸一水素ナトリウム七水和物（$Na_2HAsO_4 \cdot 7H_2O$）3 g を約 25 ml の精製水に溶かしたものを加えてから，全量 500 ml にする．数日常温で放置後，褐色瓶に保存する．
④ 酢酸鉛飽和溶液：酢酸鉛三水和物〔$Pb(CH_3COO)_2 \cdot 3H_2O$〕40 g を水 100 m$l$ に溶かす．
⑤ 無水シュウ酸ナトリウム $(COONa)_2$
⑥ 1 w/v％ 硫酸亜鉛（$ZnSO_4 \cdot 7H_2O$）溶液
⑦ 1 w/v％ 水酸化バリウム〔$Ba(OH)_2 \cdot 8H_2O$〕溶液

【試料】
① 還元糖を含む食品　② 血清

実 験 操 作

（1）食品中の還元糖の定量
① 試料の一定量を正確に秤量し，ビーカーに移し精製水約 30 ml を加えてよく溶かす．
② 酢酸鉛飽和溶液を約 1 ml 加えて，よく混合する．
③ メスフラスコに移して，全量 50 ml にする．
④ 乾燥ろ紙でろ過し，ろ液に無水シュウ酸ナトリウム約 200 mg を加えてよく攪拌し，未反応の酢酸鉛をシュウ酸鉛として沈殿させる．
⑤ 乾燥ろ紙でろ過し，ろ液を試料溶液とする．
⑥ 目盛試験管に適当に希釈した試料溶液 2.0 ml を入れる．
⑦ 銅試薬を 2.0 ml 加えて充分混和する．
⑧ 沸騰水浴中（ヒーティングブロック）で10分間加熱し，反応させる．
⑨ 冷水中で充分冷却する．
⑩ Nelson 試薬 2.0 ml を加えて充分混和して，15分間放置する．
⑪ 精製水で最終容量を 15.0 ml にする．
⑫ 660 nm で吸光度を測定する．

(2) 血糖値の定量

① 血清 0.2 mlを10 ml容遠沈管にとり，1.9 mlの水酸化バリウム溶液と1.9 mlの硫酸亜鉛溶液を加え，よく混合する．
② 3000 rpm，10分間遠心分離を行い，上清を試料溶液とする．
③ 食品中の還元糖の定量の操作⑥〜⑫と同様．

【検量線】

目盛試験管6本にブドウ糖標準液（100 μg/ml）0，0.4，0.8，1.2，1.6，2.0 mlをとり，精製水を加えて2.0 mlにする．以下，食品中の還元糖の定量の実験操作⑦〜⑫にしたがい，横軸にブドウ糖の濃度を，縦軸に吸光度をプロットし検量線を作成する（図5.6）．

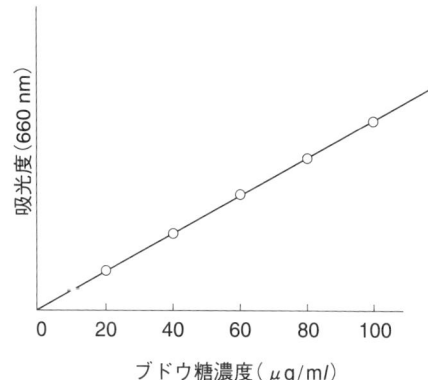

図5.6 ブドウ糖の検量線

■ まとめ ■

① 検量線から，試料糖液のブドウ糖濃度（A μg/ml）を求める．
② 次式を使って食品試料100 g当たりのブドウ糖量（g）を計算する．

$$\text{ブドウ糖}(g/100\,g) = A\,(\mu g/ml) \times 希釈倍率 \times 50\,(ml)/試料重量(g) \times 1/10^3 \times 1/10^3 \times 100$$

③ 次式を使って血清100 ml当たりのブドウ糖量（mg）を計算する．

$$\text{血糖値}(mg/100\,ml\,血清) = A\,(\mu g/ml) \times 希釈倍率 \times 4.0\,(ml)/0.2\,(ml) \times 1/10^3 \times 100$$

III 生体成分に関する実験

血液や尿，動物の臓器などを材料に，生体成分の変動と生体の生理状態との関連がわかる実験を行う．

An Introduction to Practical Biochemistry

III 生体成分に関する実験

6 糖質の定性実験と血糖の測定

糖質は，アルデヒド基またはケトン基をもつポリアルコールおよびその誘導体と定義される．加水分解によってそれ以上簡単な化合物にならない糖質を単糖類といい，単糖類が2～6個重合したものを少糖類，多数重合したものを多糖類という．人体に存在する代表的な単糖類はグルコースであり，多糖類はグリコーゲンである．

ここでは，各種の糖質について定性実験を行い，それらの構造と反応との関連を知る．また，血液中のグルコース量（血糖値）を測定し，血糖の意義を考えるとともに糖の定量法を学ぶ．

6.1 糖の定性反応（50分）

■ 原　理 ■

（1）モーリッシュ（Molisch）反応

糖は，濃硫酸で加熱すると，脱水的な変化を受けて，フルフラールまたはヒドロキシメチルフルフラールとなる．これらに α-ナフトールが作用して呈色する．

（2）ベネディクト（Benedict）反応

アルカリ性下で還元糖が Cu^{2+} を Cu^+ に還元する．

（3）バーフォード（Barfoed）反応

酢酸酸性下で還元糖が Cu^{2+} を Cu^+ に還元する．

（4）セリワノフ（Seliwanoff）反応

ケトースに塩酸を作用させて生じるフルフラール誘導体がレゾルシンと縮合して赤色化合物を生成する．

（5）ビアル（Bial）反応

ペントースは，強酸中で加熱するとフルフラールとなり，鉄イオンの存在のもとでオルシノールと反応して呈色物質を生成する．

■ 準備するもの ■

【器具】
① 試験管　② 駒込ピペット　③ 恒温水槽

【試薬】
① 濃硫酸
② ナフトール溶液：5 w/v% α-ナフトール・エタノール溶液．
③ ベネディクト試薬：クエン酸ナトリウム 173 g，無水炭酸ナトリウム 100 g を 650 ml の精製水に溶解し，硫酸銅 17.3 g を精製水 100 ml に溶解したものを加え，全量を水で 1 l とする．

④ バーフォード試薬：酢酸銅 66.5 g を 1 l の精製水に溶解し，氷酢酸 9 ml を加える．
⑤ セリワノフ試薬：レゾルシン 0.05 g を 50 ml の濃塩酸に溶解し，同量の精製水に加え，希釈混合する．
⑥ ビアル試薬：オルシン 0.1 g を濃塩酸 50 ml に溶解し，10% 塩化第二鉄溶液を 2～3 滴加えてよく混合する．用時調製する．

【試料】
グルコース，フルクトース，キシロース，リボース，ラクトース，スクロースの各 1% 溶液

実 験 操 作

（1）モーリッシュ反応

糖液 2 ml を試験管にとり，ナフトール溶液 2 滴を加え，よく混和したあと，濃硫酸 1 ml を管壁にそって静かに流し込む．

糖質が存在すると境界面に赤紫色の環を生じる．

（2）ベネディクト反応

試験管にベネディクト試薬 2 ml をとり，糖液 0.5 ml を加えて混合し，沸騰水浴中で 2～3 分加熱したあと，室温に放置する．

還元糖の量に応じて緑，黄，赤色の沈殿を生じる．本反応は尿中の還元糖の検出に適している．

（3）バーフォード反応

試験管にバーフォード試薬 2 ml をとり，糖液 0.5 ml を加えて混合し，沸騰水浴中で約 5 分加熱する．

単糖類が存在すると赤色の亜酸化銅の沈殿が生じる[*1]．

（4）セリワノフ反応

糖液 1 ml を試験管にとり，セリワノフ試薬 2 ml を加えて混合したあと，沸騰水浴中で約 3 分加熱する．

ケトースが存在すると赤色を呈する．糖量が多いときは赤褐色の沈殿を生じる[*2]．

（5）ビアル反応

糖液 1 ml を試験管にとり，ビアル試薬 2 ml を加えて混合したあと，沸騰水浴中で加熱する．

ペントースが存在すると，緑色，または緑色沈殿を生じる[*3]．

ま と め

試料の糖の構造を調べ，さらに各定性試験でのそれぞれの糖の反応のようすを表にまとめ，糖の構造と反応の関連を考察する．

課 題

未知の糖質溶液を試料として，上述の定性反応の結果から試料の同定を行ってみる．

---

*1 加熱を続けると二糖類でも反応が生じる．
*2 五炭糖も呈色し，黄緑色あるいは青色となる．アルドースも長時間加熱すると赤色を呈するが，沈殿は生じない．
*3 ペントース以外にウロン酸も呈色する．ヘキソースも呈色するが，発色の程度はペントースより低い．

6.2 血糖の測定

グルコースオキシダーゼ法を用いて血糖値を測定する．また，グルコースの経口負荷を行い耐糖能を調べる．

6.2.1 グルコースオキシダーゼ法による血糖値の測定（40分）

■ 原　理 ■

グルコースオキシダーゼの作用によりグルコースが酸化され，同時に過酸化水素も生じる．生成した過酸化水素は，ペルオキシダーゼの作用を介して共存するフェノールと4-アミノアンチピリンとを定量的に酸化縮合させ，赤色の色素を生成させる．この赤色の吸光度を測定することによりグルコース量が求められる．

■ 準備するもの ■

【器具】
① 試験管　② ピペット　③ 恒温水槽　④ 分光光度計

【試薬】[*1]
① 緩衝液（フェノール 10.6 mmol/l を含む 30 mM リン酸緩衝液 pH 7.4）
② 発色剤（グルコースオキシダーゼ 5.8 単位/ml，ペルオキシダーゼ 0.71 単位/ml，4-アミノアンチピリン 0.51 mmol/l）
③ グルコース標準液（500 mg/dl）

【試料】
ラット血清，またはヒト血清

■ 実験操作 ■

① 試験管に試料（血清）0.02 ml 採取．
② 発色試薬（緩衝液と発色剤の混合液）3.0 ml 添加．
③ よく混合し，37℃で20分間加温．
④ 空試験[*2]を対照に 505 nm の吸光度を測定．

【検量線】

試験管6本にグルコース標準液 0，0.1，0.2，0.3，0.4，0.5 ml をとり，精製水を加えて 0.5 ml にする．これら各液から 0.02 ml を採取し，実験操作②〜④にしたがい，横軸にグルコース濃度（mg/dl），縦軸に吸光度をプロットし検量線を作成する．

■ まとめ ■

検量線を用い，測定値より血清のグルコース濃度を読みとる．

＊1　和光純薬工業株式会社キット．
＊2　血清のかわりに精製水を使用．

6.2.2 耐糖能試験（150〜200分）

75gグルコースを経口投与し，経時的に血糖値を測定，耐糖能を判定する．

準備するもの

【器具】
① 小型血糖測定機グルテストエース（採血補助器具付属）[*1]
② グルテストセンサー[*1]

【試薬】
① トレーラン G75[*2]
② 消毒綿

【試料】
自分の血液（採血補助器具を用いて指先を穿刺する）

実験操作

① 8〜16時間絶食後，小型血糖測定機を用いて空腹時[*3]の血糖値[*4]を測定する（図6.1，表6.1）．

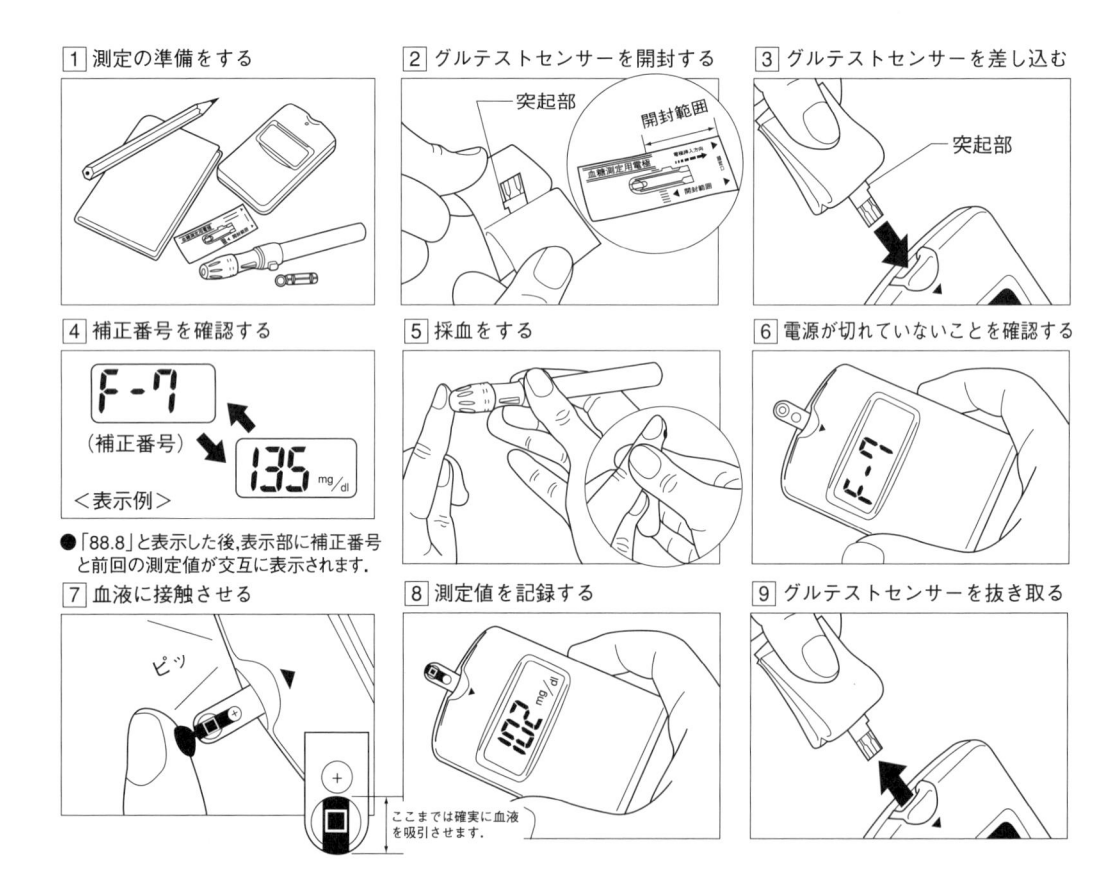

1 測定の準備をする	2 グルテストセンサーを開封する	3 グルテストセンサーを差し込む
4 補正番号を確認する	5 採血をする	6 電源が切れていないことを確認する
7 血液に接触させる	8 測定値を記録する	9 グルテストセンサーを抜き取る

●「88.8」と表示した後,表示部に補正番号と前回の測定値が交互に表示されます．

図6.1　血糖値の測定
（「グルテストセンサー」取扱い説明書より）

表6.1　75 g 糖負荷試験における判定区分と判定基準

(mg/d*l*, カッコ内は mmol/*l*)

	正常域			糖尿病域		
	静脈血漿	毛細血管全血	静脈全血	静脈血漿	毛細血管全血	静脈全血
空腹時値	<110 (<6.1)	<100 (<5.6)	<100 (<5.6)	≧126 (≧7.0)	≧110 (≧6.1)	≧110 (≧6.1)
2時間値	<140 (<7.8)	<140 (<7.8)	<120 (<6.7)	≧200 (≧11.1)	≧200 (≧11.1)	≧180 (≧10.0)
判　定	両者を満たすものを正常型とする			いずれかを満たすものを糖尿病型とする		
	正常型にも糖尿型にも属さないものを境界型とする					

② トレーラン G75 を飲用する．

③ できるだけ安静な状態のもと，飲用後30分，60分，90分，120分[*3]，さらに180分（省いてもよい）に血糖値を測定する．

まとめ

自分の血糖曲線（横軸に時間，縦軸に血糖値をとる）を描き，耐糖能を判定する．

[*1] 株式会社三和化学研究所（販売）．
[*2] 武田薬品工業株式会社（販売）．
[*3] 通常は尿糖検査も行う．
[*4] 血漿中のグルコース濃度として表示．

III 生体成分に関する実験

7 肝臓グリコーゲンの分離と定量

グリコーゲンは動物におけるグルコースの貯蔵型であり，筋肉や肝臓に比較的多く含まれている．このうち肝臓のグリコーゲンは，血糖値の維持という生理的役割を担っており，その含量は食事の影響を受けやすい．すなわち，食事を摂ったときの肝臓はグリコーゲンに富んでいるが，1日の絶食によりこのグリコーゲンはほとんど消失する．

摂食および絶食させたラットの肝臓よりグリコーゲンを分離定量しその動態を見る．

7.1 グリコーゲンの分離（60分）

■ 原 理 ■

ラット肝臓をトリクロロ酢酸（TCA）中でホモジナイズ（均一になるように磨砕）すると，タンパク質や核酸などの高分子化合物は沈殿するのに対し，多糖類のグリコーゲンは溶解した状態にある．次にこのグリコーゲンを含む溶液にエタノールを加えると，アルコール水溶液に対する溶解度が低いためグリコーゲンは沈殿し，沈殿しない低分子糖類やその他の可溶性物質から分離できる．

■ 準備するもの ■

【器具】
① 上皿天秤（0.01 gまで計れるもの）
② 遠心分離器（3000回転以上，15および50 ml容の遠心管）
③ 乳鉢，乳棒
④ 恒温槽

【試薬】
① 10 w/v％TCA ② 5 w/v％TCA
③ 海砂（40～80メッシュ） ④ 95％エタノール ⑤ 無水エタノール
⑥ エチルエーテル ⑦ 塩化ナトリウム

【試料】
ラット肝臓[*1]

■ 実験操作 ■

① 氷箱中で乳鉢と乳棒を冷やしておき，乳鉢には海砂2 gと5 w/v％TCA 3 mlを加える．
② 乳鉢に小片にしたラット肝臓1 g（0.01 gのオーダーまで計る）と10 w/v％TCA 1 mlを加え，乳棒で充分にすりつぶし，肝ホモジネートを調製する．

③ 肝ホモジネートを 15 ml 遠心管に移し，さらに乳鉢と乳棒を 5 ml の 5 w/v％TCA で洗浄し，その洗液を遠心管に移したあと，2000×g で 10 分間遠心分離し，得られた乳濁上清を 25 ml 容メスシリンダーへあけ，容量を記録する．

④ 新たな 50 ml 遠心管を用意し，天秤で 0.01 g のオーダーまで重量（重量 A）を測り[*2]，これにメスシリンダー中の上清を移す．

⑤ 上清をかき混ぜながら，上清 1 容に対して 2 容の 95％ エタノールをゆっくり加える．

⑥ 綿様の沈殿がでたら，2000×g で 5 分間遠心分離する[*3]．

⑦ 上清を捨て，約 5 ml の精製水を加えて沈殿を溶かしたあと，2 容（10 ml）の 95％ エタノールを加えて再沈殿させ，2000×g で 5 分間遠心分離する．

⑧ 上清を捨て，沈殿に 10 ml の 95％ エタノールを加え，ガラス棒で混ぜて沈殿を洗い，再度遠心分離し，沈殿を集める[*4]．

⑨ 沈殿を 5 ml の無水エタノールで洗い，遠心分離後上清を駒込ピペットで静かに取り去り，さらに沈殿を 5 ml のエチルエーテルで洗う．

⑩ 遠心分離後，上清を駒込ピペットで静かに取り去り，残った沈殿をドラフト内で乾燥させ，最終的に天秤で沈殿の入った遠心管の重量（重量 B）を 0.01 g のオーダーまで測定する．重

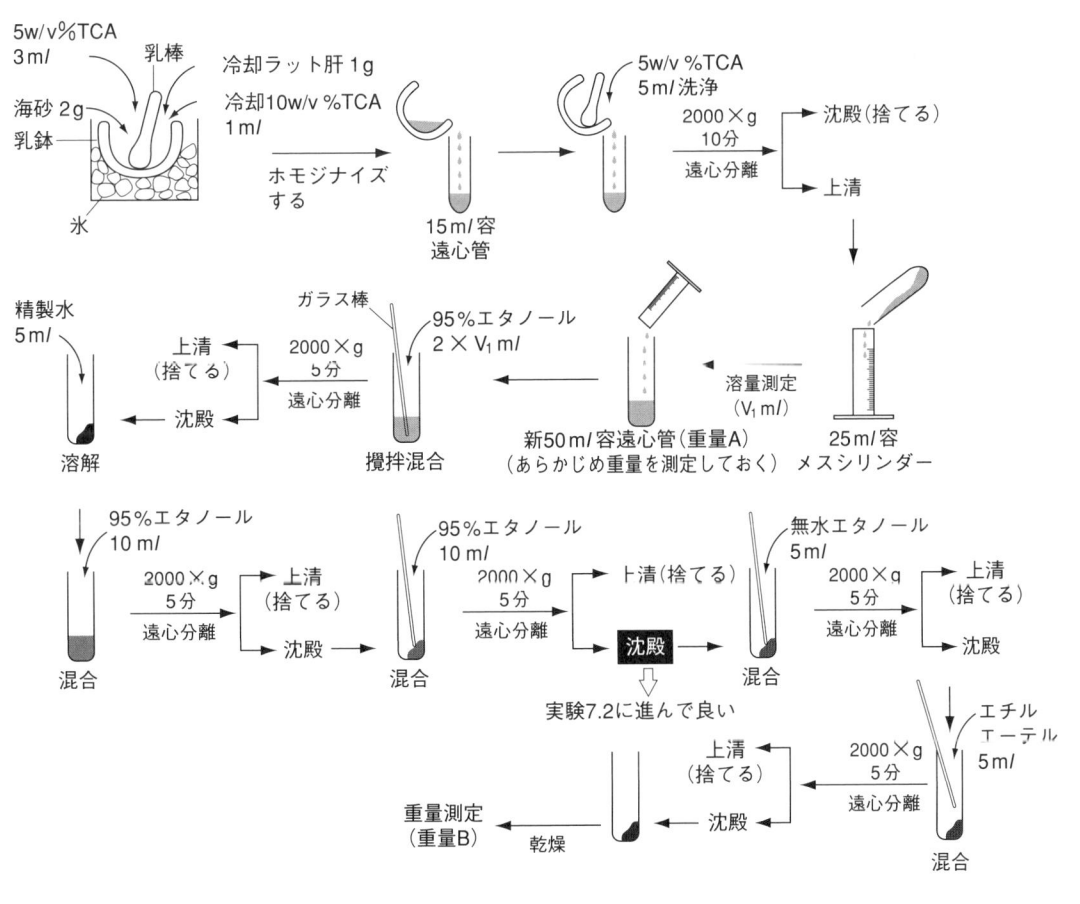

図7.1 グリコーゲンの分離

量B − 重量Aがグリコーゲンの収量である．

まとめ

グリコーゲンの収量からラット肝臓1.00g当たりのグリコーゲン含量を計算し，摂食と絶食ラットの肝臓間での違いを比較する．また，摂食ラットの肝臓でグループにより収量に差が見られた場合は，実験上どこに原因があったかを考察する．

課題

① グリコーゲンの分離に用いるエタノールとエチルエーテルの役割を考える．
② 肝臓中のグリコーゲン含量を正しく求めるには，動物から肝臓を取り出したあと，手早くかつ充分に冷やしてすぐに分離操作に入ることが重要であるが，その理由を考える．

---

*1 便宜的に，摂食および一夜絶食させたラットより肝臓を摘出し，冷凍保存しておいたものを用いる．
*2 グリコーゲンの定量実験に進む場合は，遠心管の重量を測定する必要はない．
*3 綿様の沈殿が出ないときは，少量の塩化ナトリウムを加え，遠心管を温水槽において沈殿が生じるまで温める．絶食ラットの肝臓の場合は，この操作を行っても沈殿が生じないことが多い．
*4 グリコーゲンの定量実験に進む場合は，この段階で終了してよい．その場合は，沈殿の入った遠心管を90℃程度の温水槽で温め，沈殿に含まれるエタノールを蒸発させる．

7.2 グリコーゲンの定量（60分）

原理

分離したグリコーゲンを水に溶解し，加水分解せずに直接フェノール硫酸法でグリコーゲン量を求める．

準備するもの

【器具】
① 分光光度計　② ボルテックスミキサー

【試薬】
① 5％フェノール溶液：特級フェノール5gを精製水95mlで溶解する．
② 特級硫酸
③ グリコーゲン標準液（牡蠣グリコーゲン100μg/ml）

【試料】
実験7.1で得られた沈殿（グリコーゲン）を精製水に溶かし，この液をメスフラスコに移し，精製水を用いて25mlに定容する．絶食ラットの場合はそのまま，摂食ラットの場合は，その2mlを100ml容のメスフラスコ中にとり，精製水を加えて定容し，50倍希釈したものを試料とする．

実験操作

① 試験管に試料溶液（グリコーゲンとして10〜100μg/ml）を0.5ml，および別の試験管に空試験として精製水0.5mlをとる．

② 5％フェノール溶液0.5 mlを加えよく混合する．
③ 特級硫酸2.5 mlを試験管壁につたわらせず直接液面に注ぎ込み，すばやく15秒間激しく攪拌する．
④ 室温で20分放置後，空試験を対照に490 nmの吸光度を測定する．

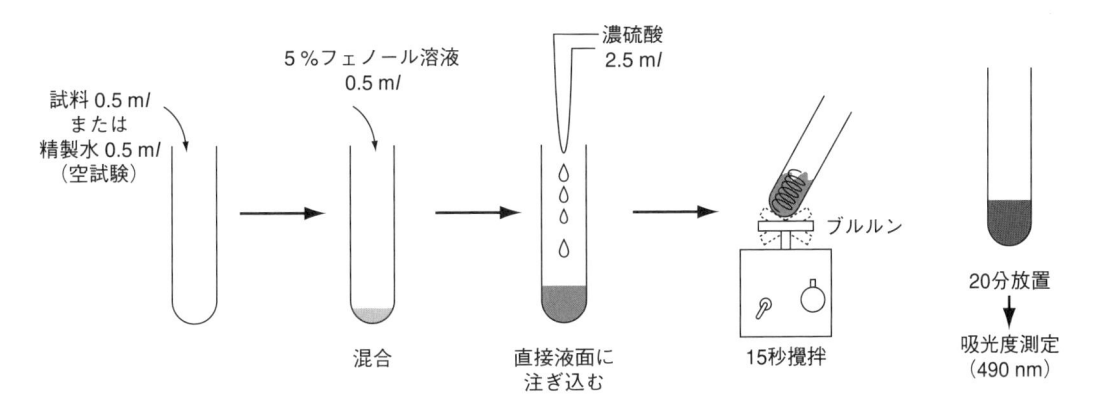

図7.2 フェノール硫酸法

【検量線】

試験管6本にグリコーゲン標準液0，0.1，0.2，0.3，0.4，0.5 mlをとり，精製水を加えて0.5 mlにする．以下，操作②〜④にしたがい，横軸にグリコーゲンの濃度を，縦軸に吸光度をプロットし検量線を作成する．

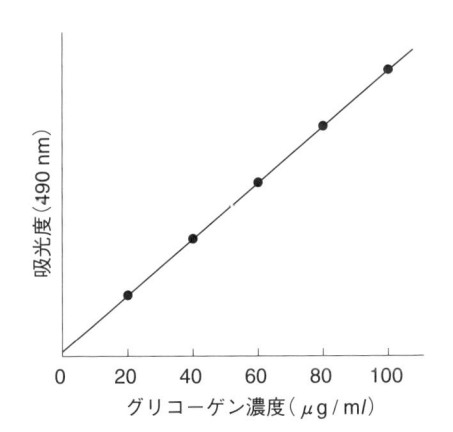

図7.3 グリコーゲンの検量線

まとめ

測定値からラット肝臓1.00 g当たりのグリコーゲン含量を計算し，摂食と絶食ラットの肝臓間での違いを比較する．

【計算】

絶食ラットの肝臓1 g中のグリコーゲン量（mg/g肝）
　　＝検量線から求めたグリコーゲン濃度（μg/ml）× 25 × 1/肝重量 (g) × $1/10^3$

摂食ラットの肝臓 1 g 中のグリコーゲン量（mg/g 肝）
 　　　＝検量線から求めたグリコーゲン濃度（μg/ml）× 50 × 25 × 1/肝重量（g）× $1/10^3$

■ 課　題

① グリコーゲンの合成分解系をまとめる．
② 肝グリコーゲンと筋肉グリコーゲンの役割の違いを調べる．

Ⅲ 生体成分に関する実験

8 脂質の定性実験と血中脂質成分の定量

栄養上重要な脂質成分として，中性脂肪，リン脂質，コレステロールなどがあげられる．ここでは，これら各成分に特有の反応や溶解性の違い，ケン化などについて実験を行い，脂質の多様性を理解する．また，血中脂質成分の定量として，肝・胆道疾患では異常値を示すリン脂質の定量を行う．中性脂肪やコレステロールの定量については，「9 肝臓脂質の抽出と定量」を参照されたい．

8.1 脂質の定性実験（90分）

8.1.1 溶解性

原理

中性脂肪は分子に極性がほとんどなく，極性の小さい溶媒に溶けやすい．一方，リン脂質はリン酸部分に極性をもつため極性の小さい溶媒には溶けにくい．

準備するもの

【器具】
試験管

【試薬】[*1]
① アセトン　② エタノール　③ クロロホルム　④ ジエチルエーテル

【試料】
① 中性脂肪として大豆油，豚脂
② リン脂質としてレシチン，ホスファチジルエタノールアミン

実験操作

① 乾燥した試験管に中性脂肪またはリン脂質をとる（液状のものは約 0.5 ml，固体状のものはスパテルで少量）．
② 各試験管に精製水または各溶媒を加えて混合したあと，溶解性を観察する．

まとめ

中性脂肪，リン脂質の溶解性について比較する．

8.1.2 ケン化
■ 原　理 ■
　中性脂肪がアルカリにより脂肪酸とグリセリンに加水分解されることをケン化という．中性脂肪の種類によってケン化の速さや必要なアルカリ量（ケン化価）が異なる．

■ 準備するもの ■
【器具】
① ピペット　　② ビーカー　　③ 三角フラスコ

【試薬】
① 1 M 水酸化ナトリウム（NaOH）-エタノール溶液：NaOH をできるだけ少量の水で溶かし，95％ エタノールを加えてつくる．ろ過後に使用する．

【試料】
① 大豆油　　② 豚脂

■ 実験操作 ■
① 三角フラスコに中性脂肪 1 g をとり，水酸化ナトリウムのエタノール溶液 20 ml を加えて混合する．
② 還流冷却器をつけ，湯浴またはホットプレート上（約80℃）で加熱する．数分ごとにピペットで反応液を少量取り出し，水上に滴下して溶解性を観察する．
③ 脂肪が浮いたり乳化状態にならず，溶けるようになった時点で加熱をやめ，反応に要した時間を比較してみる[*2]．

■ まとめ ■
　ケン化に要した時間またはアルカリ量と中性脂肪の分子量，構成脂肪酸との関連性をまとめてみる．

8.1.3 コレステロールの反応
■ 原　理 ■
（1）リーベルマン・ブルハルト（Lieberman-Burchard）反応
　コレステロールに無水酢酸と濃硫酸を加えると，ステロニウム塩を生成し，脱水されて共役ジエン構造をもつ赤色物質を形成する．これは重合し，赤→紫→青緑と変色していく．

（2）ザルコウスキー（Salkowski）反応
　ステロイドを含むクロロホルム層と濃硫酸の境界面に黄色環（エルゴステロールでは橙色環）を生じる特異的な反応である．

■ 準備するもの ■
【器具】
試験管

【試薬】
① クロロホルム　　② 無水酢酸　　③ 濃硫酸
【試料】
コレステロール

■ 実験操作 ■

（1）リーベルマン・ブルハルト（Lieberman-Burchard）反応
① 乾燥した試験管にコレステロールを少量（市販結晶で約5 mg）とり，クロロホルム1 mlを加えて溶かす．
② 無水酢酸1 mlを加えたあと，濃硫酸1滴を加えて混合し，溶液の色を数十秒間観察する．

（2）ザルコウスキー（Salkowski）反応
① 乾燥した試験管にコレステロールを少量（市販結晶で約5 mg）とり，クロロホルム1 mlを加えて溶かす．
② ほぼ等量の濃硫酸を試験管の管壁にそって静かに加える．静置してクロロホルム層と濃硫酸の境界面を観察する．

■ まとめ ■

生体内におけるコレステロールの役割について調べる．

---

*1　有機溶媒を使用する場合は火気，換気に注意し，ドラフトなどを使用する．
*2　反応液を30分〜1時間加熱したあと，その5 mlをとり，フェノールフタレインを指示薬として0.5 M塩酸で中和滴定を行い，ケン化に必要なアルカリ量を比較してもよい．

8.2　血中リン脂質の定量（100分）

■ 原理 ■

血清中のリン脂質にホスホリパーゼD，コリンオキシダーゼを作用させた際に生じる過酸化水素は，ペルオキシダーゼの作用により4-アミノアンチピリンとDAOS〔3,5-ジメトキシ-N-エチル-N-(2-ハイドロキシ-3-スルホプロピル)-アニリンナトリウム〕とを定量的に酸化縮合させて青色の色素を生成させる．

■ 準備するもの ■

【器具】
① 恒温水槽，分光光度計
② 試験管，ピペット，ビーカーなど

【試薬】[*1]
① 酵素溶液A〔50 mMグッド緩衝液（pH 7.5），ホスホリパーゼD，アスコルビン酸オキシダーゼ，DAOS〕
② 酵素溶液B（コリンオキシダーゼ，ペルオキシダーゼ，4-アミノアンチピリン）
③ 標準液（塩化コリン，リン脂質100〜500 mg/dl相当量）

【試料】
血清

実 験 操 作

① 試験管に各種濃度の標準液，試料溶液を 0.02 ml ずつとり，酵素溶液Aを 2.0 ml 加えて混合する．また，試薬空試験として精製水 0.02 ml を別の試験管にとり，同様に酵素溶液Aを加えて混合する．
② 37℃の恒温水槽中で3分間放置したあと，酵素溶液Bを 0.5 ml ずつ加えて混合する．
③ 37℃の恒温水槽中で3分間放置したあと，試薬空試験を対照として標準液，試料溶液の吸光度を波長 600 nm にて測定する．
④ 標準液を用いてリン脂質の検量線を作成する．また，検量線から試料溶液のリン脂質濃度を求める．

ま と め

血清中のリン脂質濃度の異常と疾病との関係を調べてみる．

課　題

「9　肝臓脂質の抽出と定量」を参照し，血清中の中性脂肪やコレステロール量を測定してみる．

---

*1　和光純薬工業株式会社製キット

III 生体成分に関する実験

9 肝臓脂質の抽出と定量

　肝臓は，コレステロールやリポタンパク質の生成に関与しており，生体の脂質代謝に重要な役割を果たしている．ここでは，実際に肝臓から脂質を抽出することによって，生体組織からの脂質の抽出方法を理解する．また，肝臓中の脂質量は，グリコーゲン量やタンパク質量とともに生体の栄養状態を反映していることから，その測定法についても学ぶ．

9.1 ホルチ法による脂質の抽出（120分）

◆ 原　理 ◆

　生体試料から効率よく全脂質を抽出するためには，極性の大きいメタノールが有効であるが，同時に糖質やアミノ酸などの夾雑物も抽出してしまう．したがって，脂質を抽出する方法としては，いくつかの有機溶媒を組み合わせたホルチ（Folch）法やブライ-ダイヤー（Bligh-Dyer）法がよく用いられている．

◆ 準備するもの ◆

【器具】
① ホモジナイザー（ポッター・エルベイエム型），遠心分離器
② 共栓付き遠沈管，試験管，ピペット，ビーカー，ろ紙（No.2S）など

【試薬】[*1]
① クロロホルム-メタノール混液（2：1）
② t-ブチルアルコール　③ メタノール　④ トリトン X-100

【試料】
ラット肝臓

◆ 実験操作 ◆

① 小片にしたラット肝臓 0.5 g をはかりとり，ホモジナイザーに入れ，精製水 2 ml を加えて磨砕し，ホモジネート（磨砕液）を調製する．
② ホモジネート 2 ml（肝臓 0.4 g に相当）を共栓付き遠沈管にとり 5 ml のクロロホルム-メタノール混液を加え，約 2 分間激しく撹拌したあと，3000 rpm で 5 分間遠心分離する．
③ 有機層を試験管に分取したあと，残部にクロロホルム-メタノール混液 3 ml を加えて約 2 分間激しく撹拌し，3000 rpm で 5 分間遠心分離を行う．
④ 有機層を分取し，先の有機層と合わせ，これをろ紙でろ過する．
⑤ ろ液をドラフト内で 80℃ 加温濃縮して溶媒を留去する．

⑥ 実験9.2に進む場合は，濃縮乾固した脂質を 2.0 ml の溶解液〔t-ブチルアルコール：メタノール：トリトン X-100 = 50：25：25（v/v）〕に溶かす．

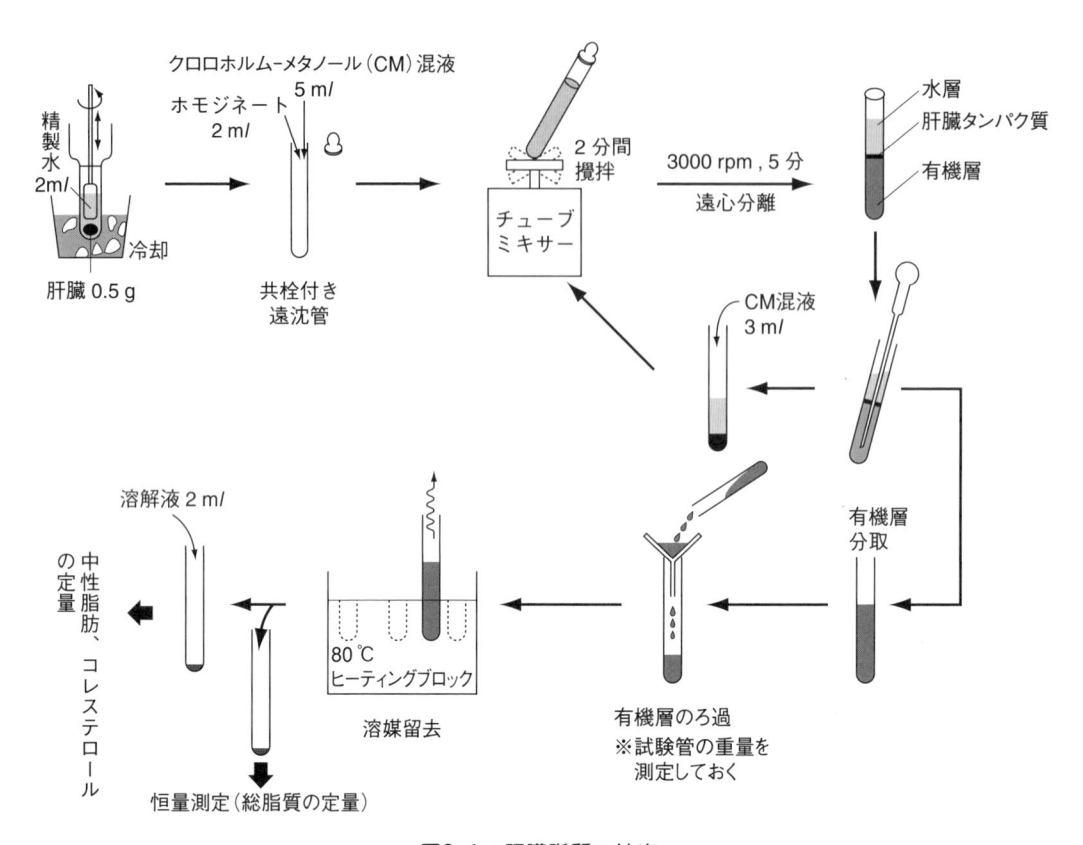

図9.1 肝臓脂質の抽出

まとめ

恒量を求めた試験管に上記④のろ液をとり，⑤の操作後，加熱（約 80℃で 5 分間）→放冷（デシケーター中）→秤量の操作を，一定の秤量値が得られるまでくり返し，肝臓 1 g 中の総脂質量を求める．

【計算】

ラットの肝臓 1 g 中の総脂質量（mg/g 肝）
　　= （脂質を含む試験管の秤量値 mg − 試験管の秤量値 mg）× 1.0/0.4

＊1　有機溶媒を使用する場合は火気，換気に注意し，ドラフトなどを使用する．

9.2 肝臓中脂質の定量

9.2.1 中性脂肪の定量（60分）

■ 原　理 ■

　肝臓から抽出した脂質中の中性脂肪（トリグリセリド）にリポプロテインリパーゼ，グリセロールキナーゼ，グリセロール-3-リン酸オキシダーゼを作用させた際に生じる過酸化水素は，ペルオキシダーゼの作用により DAOS〔3,5-ジメトキシ-N-エチル-N-（2-ハイドロキシ-3-スルホプロピル）-アニリンナトリウム〕と 4-アミノアンチピリンとを定量的に酸化縮合させて青色の色素を生成させる．

■ 準備するもの ■

【器具】
① 恒温水槽，分光光度計，光路長 5 mm のキュベット
② 試験管，ピペット，ビーカーなど

【試薬】[*1]
① 緩衝液〔50 mM グッド（PIPES）緩衝液（pH 6.5）〕
② 発色剤（4-アミノアンチピリン，ATP，リポプロテインリパーゼ，グリセロールキナーゼ，グリセロール-3-リン酸オキシダーゼ，ペルオキシダーゼ，DAOS，アスコルビン酸オキシダーゼ）
③ 発色試薬（①と②を混合したもの）
④ 標準液（グリセリン 31.2 mg/dl，トリオレイン 300 mg/dl 相当量）

【試料】
ラット肝臓より抽出した脂質溶液

■ 実験操作 ■

① 試験管に各種濃度の標準液，試料溶液を 0.05 ml ずつとり，発色試薬 1.5 ml を加えて混合する．また，試薬空試験として精製水 0.05 ml を別の試験管にとり，同様に発色試薬 1.5 ml を加えて混合する．
② 37℃の恒温水槽中で 5 分間放置したあと，試薬空試験を対照として標準液，試料溶液の吸光度を波長 600 nm にて測定する．
③ 標準液を用いてトリグリセリドの検量線を作成する．また，検量線から試料溶液のトリグリセリド濃度を求める[*2]．

■ まとめ ■

　肝臓 1 g 中の総中性脂肪量を求める．

【計算】
ラットの肝臓 1 g 中の中性脂肪量（mg/g 肝）
　　＝検量線から求めたトリグリセリド濃度（mg/dl）× 2.0/100 × 1.0/0.4

9.2.2 コレステロールの定量（60分）

原 理

肝臓から抽出した脂質中のコレステロールエステルにコレステロールエステラーゼを作用させ，すべて遊離コレステロールにし，これにコレステロールオキシダーゼを作用させた際に生じる過酸化水素は，ペルオキシダーゼの作用により DAOS と 4-アミノアンチピリンとを定量的に酸化縮合させて青色の色素を生成させる．

準備するもの

【器具】
① 恒温水槽，分光光度計，光路長 5 mm のキュベット
② 試験管，ピペット，ビーカーなど

【試薬】[*3]
① 緩衝液〔50 mM グッド（MES）緩衝液（pH 6.1）〕
② 発色剤（4-アミノアンチピリン，コレステロールエステラーゼ，コレステロールオキシダーゼ，ペルオキシダーゼ，DAOS，アスコルビン酸オキシダーゼ）
③ 発色試薬（①と②を混合したもの）
④ 標準液（コレステロール 200 mg/dl）

【試料】
ラット肝臓より抽出した脂質溶液

実験操作

① 試験管に各種濃度の標準液，試料溶液を 0.05 ml ずつとり，発色試薬 1.5 ml を加えて混合する．また，試薬空試験として精製水 0.05 ml を別の試験管にとり，同様に発色試薬 1.5 ml を加えて混合する．
② 37℃ の恒温水槽中で 5 分間放置したあと，試薬空試験を対照として標準液，試料溶液の吸光度を波長 600 nm にて測定する．
③ 標準液を用いてコレステロールの検量線を作成する．また，検量線から試料溶液のコレステロール濃度を求める[*4]．

まとめ

肝臓 1 g 中の総コレステロール量を求める．

【計算】

ラットの肝臓 1 g 中のコレステロール量（mg/g 肝）
　　= 検量線から求めたコレステロール濃度（mg/dl）× 2.0/100 × 1.0/0.4

[*1] 和光純薬工業株式会社製キット（トリグリセライド E-テストワコー）．
[*2] 検量線によらず，300 mg/dl 相当の標準液を用いた比例計算によって求めてもよい．
[*3] 和光純薬工業株式会社製キット（コレステロール E-テストワコー）．
[*4] 検量線によらず，200 mg/dl の標準液を用いた比例計算によって求めてもよい．

10 タンパク質，アミノ酸の定性および定量実験

III 生体成分に関する実験

人体には，約17%のタンパク質が存在し，その種類や働きは多様である．タンパク質はα-アミノ酸が多数ペプチド結合した高分子化合物であり，その働きや性質は立体構造によって決まる．また，タンパク質は構成アミノ酸の荷電の総合的結果として両性電解質でもある．したがって，これら立体構造や荷電状態を変化させることにより，タンパク質の性質は変動し，これを利用してタンパク質の定性を行うことができる．一方，タンパク質を構成する20種のα-アミノ酸[*1]の基本構造は，アミノ基（−NH$_2$）とカルボキシル基（−COOH）が同一炭素原子に結合しているということである．α-アミノ酸共通の定性反応であるニンヒドリン反応はこのような構造にもとづく反応である．一方，個々のアミノ酸特有の反応は側鎖の官能基にもとづく反応である．

ここでは，タンパク質やアミノ酸の検出に用いられる定性反応について学ぶとともに，タンパク質の代表的な定量法についても理解する．

10.1 タンパク質，アミノ酸の定性（90分）

◆ 原 理 ◆

（1）熱による凝固反応

タンパク質溶液を煮沸すると，タンパク質の立体構造が変化し，凝固する．

（2）トリクロロ酢酸による沈殿反応

トリクロロ酢酸やスルホサリチル酸のような酸で大きい負の電荷をもつ化合物は，正に荷電したタンパク質を中和して不溶性の塩を形成する．

（3）硫酸アンモニウム飽和溶液による塩析

親水コロイドであるタンパク質溶液に多量の硫酸アンモニウムなどの電解質を加えると，タンパク質分子に水和している水分子が奪われ，タンパク質分子は凝集，沈殿する．

（4）ビウレット反応

アルカリ性下で，硫酸銅は2個以上のペプチド結合をもつ化合物と反応して紫色の化合物を生じる[*2]．

（5）ニンヒドリン反応

ニンヒドリンは，pH 4〜8であらゆるα-アミノ酸と反応して青紫色の化合物を生じる．ペプチドやタンパク質でも同様の反応が生じる[*3]．

（6）キサントプロテイン反応

芳香環をもつアミノ酸は濃硝酸と加熱すると黄色のニトロ誘導体を生じる．したがって，芳香族アミノ酸を含むペプチドやタンパク質にも同様の反応が生じる．

（7）ミロン反応

　フェノール性水酸基をもつ化合物は，ミロン試薬と反応して赤い化合物を生じる．したがって，チロシンやチロシンを含むペプチドおよびタンパク質にこの反応が生じる．

（8）硫化鉛反応

　硫黄（S）を含むアミノ酸であるシステインやシスチン，およびこれらのアミノ酸を含むペプチドやタンパク質に反応する．硫黄と鉛が反応して黒色の硫化鉛の沈殿を生じる．

（9）ホープキンス・コール反応

　インドール核によって生じる反応で，酢酸中に微量に存在するグリオキサル酸が，濃硫酸の存在下でトリプトファンのインドール核と縮合して青色の化合物を生じる．トリプトファンを含むペプチドやタンパク質も反応する．

■ 準備するもの ■

【器具】
① 試験管　② 駒込ピペット　③ 恒温水槽（またはヒーティングブロック）
④ ガスバーナー

【試薬】
① 10％ 水酸化ナトリウム（NaOH）
② 0.5％ 硫酸銅（$CuSO_4$）
③ 2 N 酢酸（CH_3COOH）
④ 10％ トリクロロ酢酸（CCl_3COOH）
⑤ 硫酸アンモニウム飽和溶液〔$(NH_4)_2SO_4$〕：硫酸アンモニウム 77 g を精製水 100 ml に溶解する．
⑥ 濃塩酸
⑦ 0.1％ ニンヒドリン溶液（エタノールまたはブタノールに溶解）
⑧ 濃硝酸
⑨ 10％ 水酸化アンモニウム（NH_4OH）
⑩ 濃硫酸
⑪ 1％ 亜硝酸ナトリウム（$NaNO_2$）
⑫ 10％ 酢酸鉛〔$(CH_3COO)_2Pb$〕
⑬ 30％ 水酸化ナトリウム（NaOH）
⑭ 氷酢酸
⑮ ミロン変法試薬：精製水 30 ml に濃硫酸 10 ml を注意深く加え，均一に混ざってから，乳鉢中で粉砕した硫酸水銀（$HgSO_4$）10 g に少しずつ加える．溶解した部分からメスフラスコに移し，全部移し終わったら，精製水で全量 100 ml にする．

【試料】
　卵白，ゼラチン，脱脂粉乳の各 1.0 w/v％ 水溶液，薄口しょうゆ（20 v/v％），グリシン，チロシン，トリプトファン，プロリン，シスチンの各 0.1％ 水溶液

実験操作

(1) 熱による凝固反応

試料溶液 3 ml を試験管にとり, 2 N 酢酸を数滴加えてよく攪拌し, ガスバーナーの火で試験管の底を静かに加熱して, 変化を見る.

(2) トリクロロ酢酸による沈殿反応

試料溶液 3 ml を試験管にとり, 濃塩酸を 1 滴加えてよく攪拌し, 10% トリクロロ酢酸を少しずつ加えて混合してようすを見る (3 ml ぐらいまで続ける).

(3) 硫酸アンモニウム飽和溶液による塩析

試料溶液 3 ml を試験管にとり, 硫酸アンモニウム飽和溶液を少しずつ加えて混合してようすを見る (3 ml ぐらいまで続ける).

(4) ビウレット反応

試料溶液 1 ml を試験管にとり, 10% 水酸化ナトリウムを 1 ml 加えてよく混合したあと, 0.5% 硫酸銅 1～2 滴加えて混合し, 呈色を見る. トリペプチドからタンパク質は赤紫から青紫色を呈する.

(5) ニンヒドリン反応

試料溶液 3 ml を試験管にとり, 0.1% ニンヒドリン溶液を約 1 ml 加えて, 約 3 分間沸騰水中で加熱する. 流水で冷却すると青紫色を呈する.

(6) キサントプロテイン反応

試料溶液 3 ml を試験管にとり, 濃硝酸を 1 ml 加えて沸騰水中で約 3 分間加熱すると黄色を呈する. 冷却後, 10% 水酸化アンモニウムを加えてアルカリ性にするとオレンジ色になる.

(7) ミロン反応

試料溶液 2 ml を試験管にとり, ミロン変法試薬 2 ml を加えて, 約 30 秒間沸騰水中で加熱すると, 沈殿が生じる. 冷却後, 1% 亜硝酸ナトリウムを 1 滴加えてふたたび加熱すると, 沈殿または溶液が赤色に変化する.

(8) 硫化鉛反応

試料溶液 3 ml を試験管にとり, 10% 酢酸鉛を数滴加えてよく混合する. さらに 30% 水酸化ナトリウムを 1 ml 加えて混合したあと, 沸騰水中で 10 分間以上加熱すると黒色の沈殿が生じる. または溶液が灰～黒色を呈する.

(9) ホープキンス・コール反応

試料溶液 2 ml を試験管にとり, 氷酢酸 2 ml を加えて混合する. 濃硫酸 2 ml を試験管壁にそわせて静かに加える. 2 層になった境界面に紫色の輪が生じる.

まとめ

各試料について, 反応の有無, 強弱, 色調などを表にして簡単にまとめ, 含まれているタンパク質の特徴やアミノ酸の種類を考える.

---

*1 プロリンは例外で, イミノ酸である.
*2 2 個のカルボニル基が窒素または炭素原子を介して結合している化合物であれば, すべて陽性になる.
*3 第 1 級アミン類やアンモニアでも生じる. またイミノ酸のプロリンやヒドロキシプロリンとも反応するが, この場合は, 青紫色ではなく黄色になる.

10.2 タンパク質の定量

10.2.1 ローリー（Lowry）法（90分）

◆ 原 理 ◆

タンパク質中のチロシン，トリプトファン，システインなどのアミノ酸とフェノール試薬との呈色反応と，アルカリ性銅溶液によるビウレット反応の組合せによる方法である．簡便で感度がよいものの，定量を妨害する物質の多いことが欠点である．

◆ 準備するもの ◆

【器具】
分光光度計

【試薬】
① 試薬A：炭酸ナトリウム（Na_2CO_3）2 g を 0.1 N 水酸化ナトリウム（NaOH）に溶かして全量 100 ml にする．
② 試薬B：硫酸銅5水和物（$CuSO_4 \cdot 5H_2O$）0.5 g を1％クエン酸ナトリウム溶液に溶かして全量 100 ml にする．
③ 試薬C：試薬Aと試薬Bを50：1 (v/v) の割合で混合した溶液．使用直前に混合する．
④ 試薬D：市販フェノール試薬の酸濃度が1Nになるように精製水で希釈する．
⑤ タンパク質標準溶液：ウシ血清アルブミン 5.0 mg/ml を調製し，さらにこれを10倍に希釈して，500 μg/ml の溶液とする．

【試料】
① 卵白溶液：卵白1個分をガーゼで漉して重量を測る．これに5～6倍の精製水を加えてよくかき混ぜ，さらに塩化ナトリウム（NaCl）を少量ずつ加え，透明な溶液にする．精製水で全量 250 ml にする．これを100倍に希釈する．
② ゼラチン（1 w/v％）溶液：ゼラチン 1.0 g を測りとって適量の精製水を加えて湿らせ，さらに精製水を加えて加温して完全に溶かす．室温に戻してから全量 100 ml にする．これを100倍に希釈する．
③ 豆乳飲料（1 w/v％）　④ 牛乳（1 w/v％）　⑤ 脱脂粉乳（0.1 w/v％）

◆ 実 験 操 作 ◆

① 試料 0.5 ml を試験管にとる．空試験用の試料には，精製水を用いる．
② 試薬C 5 ml を加え，混合後室温で10分間放置する．
③ 試薬D 0.5 ml を加え，充分混合する．
④ 室温で30分間放置後，波長 750 nm で吸光度を測定する．

【検量線】
試験管6本にタンパク質標準液[*1]（500 μg/ml）0，0.1，0.2，0.3，0.4，0.5 ml をとり，精製水を加えて全量 0.5 ml にする．以下，操作②～④に従い，横軸にタンパク質濃度を，縦軸に吸光度をプロットし検量線を作成する（図10.1）．

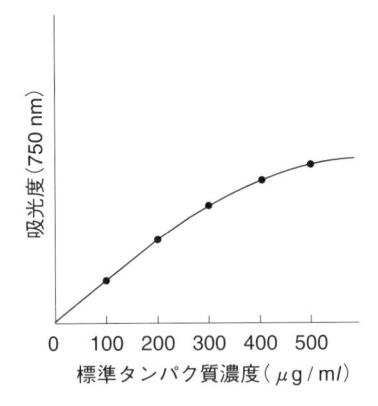

図10.1 タンパク質の検量線（縦軸：吸光度(750 nm)，横軸：標準タンパク質濃度(μg/ml)）

まとめ

① 各試料溶液の吸光度を検量線に当てはめて，濃度（A μg/ml）を読みとる．
② 次式を用いて試料中のタンパク質量を計算する．

卵白

タンパク質 g/100 g
　　＝ A (μg/ml) × 希釈倍率 × 250 (ml) ÷ 卵白重量 (g) × 100 × $1/10^3$ × $1/10^3$

ゼラチン

タンパク質 g/100 g
　　＝ A (μg/ml) × 希釈倍率 × 溶液量 (ml) ÷ 試料重量 (g) × 100 × $1/10^3$ × $1/10^3$

課題

牛乳，豆乳飲料，脱脂粉乳などのタンパク質含量を同様に求める．

---

*1 タンパク質標準溶液を 200 μg/ml にすると，タンパク質の検量線はおおよそ直線になる．

10.2.2 紫外部吸収法（60分）

原理

タンパク質中の芳香族アミノ酸（トリプトファンやチロシン）は 280 nm 付近の紫外部に吸収極大があるため，この波長での吸光度を用いてタンパク質を定量することができる．感度が若干劣り，またタンパク質の種類によってこれらアミノ酸の含量が異なるため，吸光度も変動する．しかしながら，タンパク質溶液にいかなる処理も施す必要がないので，簡便であり，技術的誤差も少なく，試料の回収も可能である．

準備するもの

【器具】
① 分光光度計　② 石英セル

【試料】
実験10.2.1で調製した試料（①卵白溶液　② ゼラチン溶液　③ 脱脂粉乳）

実 験 操 作

① 試料溶液を次の範囲で4～5種類の濃度に希釈する．
　卵白：0.1～1.0 w/v％
　ゼラチン：0.2～1.0 w/v％，
　脱脂粉乳：0.02～0.1 w/v％
② 試料溶液の各希釈液について，波長280 nmでの吸光度を測定する．対照として精製水を用いる．
③ ローリー法で求めたタンパク質量（g/試料100 g）から試料希釈液のタンパク質濃度（w/v％）を計算する．
④ 試料希釈液のタンパク質濃度（w/v％）を横軸に，対応する280 nmでの吸光度を縦軸にとってグラフを描く．原点を通る直線になる．
⑤ タンパク質濃度1 w/v％のときの吸光度を読みとる（$E_{1cm}^{1\%}$）．

ま と め

タンパク質濃度1 w/v％のときの吸光度が直線の傾きを表し，その値が吸光係数（$E_{1cm}^{1\%}$）[*1]になり，試料中のタンパク質固有の値である．各試料の吸光係数の値の違いについて考える．吸光係数を用いて濃度のわからない同じ試料中のタンパク質濃度を求めることができる．

[*1] 1％（10 mg/ml）溶液を光路長1 cmのセルに入れて測定したときの吸光度．ウシ血清アルブミンの$E_{1cm}^{1\%}$（280 nm）は6.5～6.7であるが，未知のタンパク質では，280 nmでの（$E_{1cm}^{1\%}$）の値は10と仮定してよい．

11 タンパク質の分離とカラムクロマトグラフィー

III 生体成分に関する実験

　生体からタンパク質を分離し，精製するためには，タンパク質の性質の違い，すなわち溶解性や吸着性，分子の大きさや形，電荷などの物理化学的特性を利用する．

　ここでは，溶解性の違いを利用して卵白および牛乳に含まれるタンパク質を分離する（表11.1）．また，分子の大きさや形，電荷の違いを利用してタンパク質を分離するクロマトグラフィーの手法（表11.2）を経験する．

表11.1　溶解性によるタンパク質の分類

タンパク質	特徴	例
アルブミン	水，塩類溶液，希酸，希アルカリに可溶 飽和硫酸アンモニウム溶液で沈殿	卵白アルブミン，ラクトアルブミン，血清アルブミン
グロブリン	水に不溶．塩類溶液，希酸，希アルカリに可溶 半飽和硫酸アンモニウム溶液で沈殿	卵白グロブリン，ラクトグロブリン，血清グロブリン
グルテリン	水，塩類溶液に不溶，希酸，希アルカリに可溶	小麦グルテニン
プロラミン	水，塩類溶液に不溶，希酸，希アルカリに可溶 70〜90％エタノールに可溶	小麦グリアジン
硬タンパク質	ふつうの溶媒に不溶	コラーゲン，エラスチン，ケラチン

表11.2　よく用いられるタンパク質の分離方法

方法	利用されるタンパク質の性質	手段	溶媒
透析	大きさと形	半透膜	水
ゲルろ過	大きさと形	水を含んだゲル	水溶液
吸着クロマトグラフィー	吸着性	吸着剤	非極性溶媒
イオン交換クロマトグラフィー	イオン化度	イオン化した基をもつ担体	水性緩衝液
酢酸セルロース電気泳動	電荷	不活性支持体	水性緩衝液
ポリアクリルアミドゲル電気泳動	電荷と大きさ	有孔性不活性支持体	水性緩衝液

11.1 溶解性の違いを利用するタンパク質の分離

11.1.1 溶媒に対する溶解性の違い，および塩析を利用する分離（60分）

■ 原　理

卵白に含まれるアルブミンとグロブリンを水や希薄塩溶液などの溶媒に対する溶解性の差によって分離する．また，牛乳のアルブミンとグロブリンを塩析によって分離する．

■ 準備するもの

【器具】
① 冷却遠心分離機と遠心管
② ビーカー，メスシリンダー，ピペット

【試薬】
① 飽和硫酸アンモニウム溶液：77 g の硫酸アンモニウムに精製水 100 ml を加え，おだやかに加温溶解させたあと，室温にもどす．
② 2％食塩水

【試料】
卵白および牛乳

■ 実験操作

（1）卵白のアルブミンとグロブリンの分離
① 鶏卵 1 個分の卵白をビーカーに入れ，200 ml の精製水を加える．
② よく撹拌すると，ある程度溶けるが濁りが残る．
③ この懸濁液を 3000 g で 20 分間遠心分離する．
④ 上清（アルブミン）を取り，沈殿（グロブリン）をできるだけ少量の食塩水に溶かす．
⑤ それぞれの液量を測定し，一部についてローリー法（実験10.2.1参照）でタンパク質定量を行う．

（2）牛乳のアルブミンとグロブリンの分離
① 牛乳 50 ml を 3000 g で 20 分間遠心分離する．
② 浮いた脂肪層を除き，液量を測定し，溶液を波長 280 nm で吸光度を測定する．
③ 等量の飽和硫酸アンモニウム溶液を撹拌しながら加える．
④ しばらく放置し，3000 g で 20 分間遠心分離する．
⑤ 上清（アルブミン）を取り，沈殿（グロブリン）をできるだけ少量の食塩水に溶かす．
⑥ それぞれの液量を測定し，アルブミン溶液を波長 280 nm で吸光度を測定する．グロブリン溶液についてローリー法でタンパク質定量を行う．

■ まとめ

それぞれのタンパク質量からアルブミンとグロブリンの比率を求める．卵白と牛乳のアルブミン/グロブリン比を比較してみる．

■ 課　題

牛乳のアルブミンをローリー法で測定しなかったが，その理由を考察する．

11.1.2　等電点によるタンパク質の分離（60分）

■ 原　理

等電点における溶解性の違いを利用して牛乳からカゼインを分離する．

■ 準備するもの

【器具】
① ウォーターバス
② ブフナーロートと吸引瓶
③ ろ紙，ビーカー

【試薬】
① 0.2 M 酢酸ナトリウム緩衝液（pH 4.6）
② エタノール

【試料】
牛乳

■ 実験操作

① 100 ml の牛乳を40℃ に温め，同様に温めた等量の酢酸緩衝液を攪拌しながら加える．pH を確認しておく．
② 生じた懸濁液を室温まで冷やし，しばらく放置後ガーゼでろ過する．
③ 沈殿を少量の精製水で洗浄後，30 ml のエタノールに懸濁させる．
④ 懸濁液を吸引ろ過後，50 ml のエーテル－エタノール等量混合物で洗浄する．
⑤ 30 ml のエーテルで洗浄し，吸引して乾燥させる．
⑥ 乾燥物を秤量し，カゼインの収率を求める．

■ まとめ

実験で求めた値を牛乳成分表のカゼイン含有率と比較し，回収率を調べる．

■ 課　題

① カゼインの沈殿をエタノールとエーテルで洗浄した理由を考察する．
② ローリー法で牛乳の総タンパク質量とカゼインタンパク質量を調べ，両者の比率を求めてみる．

11.2 ゲルろ過およびイオン交換カラムクロマトグラフィーによるタンパク質の分離精製（180分）

◆ 原 理 ◆

心臓の筋肉にはミオグロビン，ヘモグロビン，チトクローム c など多種のタンパク質が存在する．ミオグロビン，ヘモグロビン，チトクローム c の混合物を作成し，そのうちチトクローム c を単離精製する．チトクローム c の単離精製には，ゲルろ過とイオン交換クロマトグラフィーを用いる．これは，チトクローム c とほかのタンパク質とでは，分子の大きさや荷電状態が異なることを利用したものである．

●ゲルろ過

カラムにつめたゲルを用いて分子量サイズの違いにより溶質を分離する．ゲルは網目構造により形成された孔をもった粒子である．孔のサイズ以上の分子はゲル粒子の中に入らないので，速く移動する．孔のサイズ以下の分子はゲル粒子の中に入るので，遅く移動する．したがって，分子量の大きいものはカラムから速く溶出し，分子量の小さいものは，カラムから遅く溶出する．このようにして，分子量の大きい順に溶出する．

今回使用するゲルはセファデックス（Sephadex）G-75でタンパク質の分画分子量の範囲は3000～80,000となる．

●イオン交換クロマトグラフィー

イオン交換用の担体（イオン交換セルロース，イオン交換樹脂，イオン交換ゲルなど）に分離目的の溶質を吸着させたあと，目的物質を担体から脱着（解離）させることで分離する．吸着性の違いで複数の溶質を分離できる．

今回使用するイオン交換担体はCM-セルロース（カルボキシメチルセルロース）で，マイナス（負）荷電しているので，陽イオンを吸着できる．したがって，プラス（正）荷電の多いタンパク質ほど強く吸着する．

◆ 準備するもの ◆

【器具】
① ガラスカラム（内径と高さは $1 \times 10\,\mathrm{cm}$ と $1.5 \times 30\,\mathrm{cm}$ の2本）[*1]
② ガラスウールまたはナイロンウール
③ ゴム管とストッパー
④ スタンドとクランプ
⑤ ガラス棒

【試薬】
① 10 mM リン酸緩衝液（pH 8.0）
② 0.1 M 塩化カリウム（KCl）を含む10 mM リン酸緩衝液（pH 8.0）
③ 0.3 M KClを含む10 mM リン酸緩衝液（pH 8.0）
④ Sephadex G-75 [*2]
⑤ CM-セルロース [*3]

11 タンパク質の分離とカラムクロマトグラフィー

【試料】
　ミオグロビン，ヘモグロビン，チトクローム c それぞれのタンパク質 2.0 mg を 10 mM リン酸緩衝液（pH 8.0）0.5 ml に溶解する．

実 験 操 作

（1）ゲルろ過クロマトグラフィーによる分離
① 1.5 × 30 cm のカラム[*1]をスタンドに垂直に立てる．
② カラムの出口にゴム管とストッパーを付け，ストッパーを閉める．
③ 2～3 ml の 10 mM リン酸緩衝液（pH 8.0）をカラムに入れる．
④ ガラスウールまたはナイロンウールをカラム下端に詰め，ガラス棒で押さえて気泡を除く．

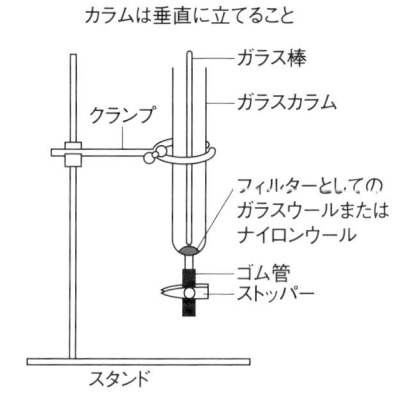

図11.1　ガラスカラムのセッティング

⑤ 脱気した Sephadex ゲル[*2]の懸濁液をカラムに少しずつ入れる．
⑥ ゲルが約 5 cm 沈んだら，ガラス棒を静かに引き上げる．
⑦ ゲル懸濁液をカラムに入れ，25 cm の高さになるまでゲルを加える．この間，カラム内の緩衝液がいっぱいになってきたら，ストッパーを少し開き緩衝液を流出させる．
⑧ ゲルの表面を平らにしておく．
⑨ ストッパーを開き，カラム内の液面をゲル表面まで下げる．
⑩ ストッパーを閉めた状態で，ゲルの表面を乱さないように，試料液を静かに加える（図11.2）．
⑪ ストッパーを開き，0.5 ml の試料液をゲル内に浸透させる．
⑫ 2～3 ml のリン酸緩衝液でゲル表面を洗浄し，緩衝液を流出させる．
⑬ ストッパーを閉じて，約 2 ml の緩衝液をゲルの表面に加える．
⑭ ストッパーを開き，カラムの出口からの溶出液を 3 ml ずつ試験管に分取する（図11.3）．
⑮ 試験管の液を波長 407 nm で吸光度を測定する．
⑯ クロマトグラムを作成し，二つの画分AとBに分け，別べつのビーカーに回収する（最初の画分Aはヘモグロビン，次の画分Bはミオグロビンとチトクローム c の混合物）

（2）イオン交換クロマトグラフィーによる分離
① 1 × 10 cm のカラム[*1]をスタンドに垂直に立てる．

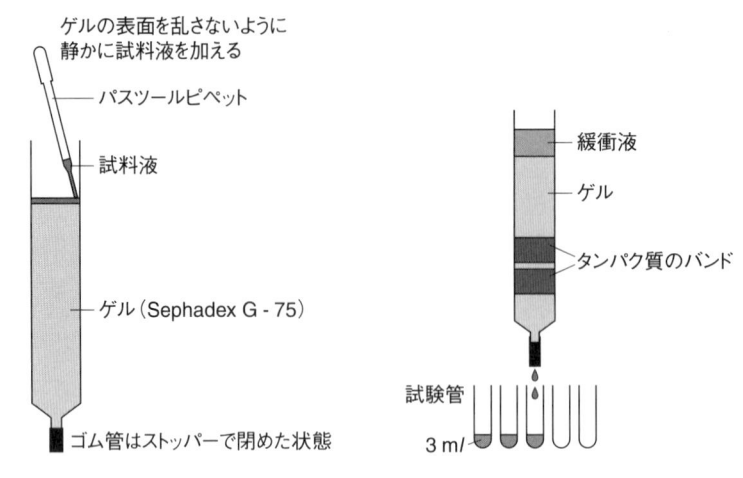

図11.2　試料液の注入　　　　図11.3　溶出液の分取

② カラムの出口にゴム管とストッパーをつけ，ストッパーを閉める．
③ 2～3 ml の 10 mM リン酸緩衝液（pH 8.0）をカラムに入れる．
④ ガラスウールまたはナイロンウールをカラム下端に詰め，ガラス棒で押さえて気泡を抜く．
⑤ 脱気した CM-セルロース[*3]の懸濁液をカラムに少しずつ入れる．
⑥ CM-セルロースが約 1 cm 沈んだら，ガラス棒を静かに引き上げる．
⑦ CM-セルロース懸濁液をカラムに入れ，沈降後 3 cm の高さになるまでゲルを加える．この間，カラム内の緩衝液がいっぱいになってきたら，ストッパーを少し開き緩衝液を流出させる．
⑧ CM-セルロースの表面を平らにしておく．
⑨ ストッパーを開き，カラム内の液面を CM-セルロース表面まで下げる．
⑩ ストッパーを閉めた状態で，画分Aを静かに加える．
⑪ ストッパーを開き，画分Aを CM-セルロース内に浸透させる．
⑫ カラムの出口からの溶出液を 3 ml ずつ試験管へ分取を開始する．
⑬ 画分Aがすべて CM-セルロース内に浸透したら，10 mM リン酸緩衝液（pH 8.0）を加え，ヘモグロビンをすべて溶出させる．
⑭ 試験管の液を波長 405 nm で吸光度を測定する．
⑮ ストッパーを閉めた状態で，画分Bを静かに加える．
⑯ ストッパーを開き，カラムの出口からの溶出液を 3 ml ずつ試験管へ分取を開始する．
⑰ 画分Bがすべて CM-セルロース内に浸透したら，0.1 M KCl を含む 10 mM リン酸緩衝液（pH 8.0）6 ml を加え，ミオグロビンを溶出させる．
⑱ 3 ml 以上の 0.3 M KCl を含む 10 mM リン酸緩衝液（pH 8.0）を加え，チトクロームcを溶出させる．
⑲ 試験管の液を波長 409 nm で吸光度を測定する．
⑳ クロマトグラムを作成し，三つの画分を別べつのビーカーに回収する．

■ まとめ

① 回収したヘモグロビン，ミオグロビン，チトクローム c の液量を測定し，吸光度を測定する（測定波長はヘモグロビンは 405 nm，ミオグロビンとチトクローム c は 409 nm）．

② 試料の吸光度から，分子吸光係数[*4]と分子量を用いてそれぞれのタンパク質量（mg）を求める．

  ヘモグロビン 分子吸光係数：371,000，分子量：64,550
  ミオグロビン 分子吸光係数：131,000，分子量：17,800
  チトクローム c 分子吸光係数：93,000，分子量：12,400

【計算】

タンパク質量（mg）

 = 吸光度/分子吸光係数 × 液量（ml）/1000 × 分子量 × 1000

回収率（%）= タンパク質量（mg）/ 2 mg × 100

■ 課題

　ゲルろ過のクロマトグラムで画分 A と画分 B それぞれのピークが確認できたか．二つの画分が明らかに分離できているか．もし分離不充分であれば，その原因は何か．また，三つのタンパク質の回収率は高いか．もし低ければ，その原因は何かを考察する．

[*1] 市販のフィルター付カラムを用いてもよい．
[*2] Sephadex はデキストランをエピクロロヒドリンで三次元的に架橋して得られるビーズ状ゲルである．架橋度が大きくなると網目が小さくなり，分離できる分子量も小さくなる．
[*3] 10 mM リン酸緩衝液（pH 8.0）で平衡化したものを用いる．10 mM リン酸緩衝液（pH 8.0）で平衡化してCOO$^-$ 状態にしておく．
[*4] 1 cm 光路長において，ある物質の 1 M 溶液についてのある波長における吸光度である．したがって，ある物質の溶液の吸光度を分子吸光係数で割るとその物質の溶液のモル濃度が算出される．

III 生体成分に関する実験

12 核酸の分離抽出と定量

　核酸は，プリン塩基またはピリミジン塩基，五炭糖，リン酸からなるヌクレオチドの重合した高分子化合物であり，核に多く存在する酸性物質という意味で核酸と名付けられた．糖部分がデオキシリボースであるデオキシリボ核酸（DNA）とリボースであるリボ核酸（RNA）に大別される．DNA は，細胞の染色体の主要成分としておもに核（細胞核）に局在する．RNA は rRNA, mRNA, tRNA など異なった機能をもつ多くの分子種からなり，主として細胞質に存在する．DNA は遺伝子の本体であり，ヌクレオチド配列としての遺伝情報は，DNA の複製によって原則的には誤りなく次世代に伝えられるとともに，DNA のヌクレオチド配列にしたがって mRNA が合成され，それを鋳型にしてタンパク質がつくられる．

12.1　肝臓の核酸の分離抽出
　　　　——シュミット・タンハウザー・シュナイダー法（180分）

◆ 原　理 ◆

　本法は，RNA はアルカリ性でモノ-またはオリゴ-ヌクレオチドまで分解されるが，DNA は分解されず，DNA は酸性で加熱すると分解される性質を利用する．

◆ 準備するもの ◆

【器具】
① ポッター-エルベイエム（Potter-Elvehjem）型ホモジナイザー
② スイング式バケット遠心機
③ ウォーターバス（37℃，90℃）またはヒーティングブロック（90℃）

【試薬】
① 8％過塩素酸
② 4％過塩素酸
③ 20％過塩素酸
④ 95％エタノール
⑤ エタノール/エーテル混液（3：1, v/v）
⑥ 0.3 N 水酸化ナトリウム溶液
⑦ 0.6 N 塩化水素（HCl）

【試料】
ラット，ウシ，またはニワトリなどの新鮮な肝臓

実験操作

● 組織ホモジネートの調製

① 新鮮な肝臓組織を秤量（1.0 g）し，9倍容の氷冷精製水を加える．
② ホモジナイザーで，氷冷しながら磨砕し，ホモジネートを調製する．

● 酸可溶性画分の除去

③ ホモジネート 5 ml（肝臓 0.5 g 相当）を遠心管にとり，これに冷却した 8％過塩素酸を 5 ml 加えてよく混ぜる．
④ 3000 rpm，5 分間，遠心分離し，上清（酸可溶性画分）を除く．
⑤ 沈殿に 4％過塩素酸を 5 ml 加え，沈殿を充分に懸濁後，ふたたび 3000 rpm，5 分間，遠心分離し，上清を除く．この操作をもう一度くり返す．3 回の遠心分離後の上清を合わせたものが酸可溶性画分である．

● 脂質の除去（このステップは省略可能である）

⑥ 酸可溶性画分除去後の沈殿に，精製水 1 ml を加えて懸濁する．
⑦ 95％エタノール 4 ml を加えて攪拌後，遠心分離（3000 rpm，10 分間，以下同様）する．
⑧ 沈殿に 95％エタノール 5 ml を加えて懸濁後，遠心分離する．
⑨ 沈殿に氷冷エタノール／エーテル ＝ 3／1 混液（v/v）を 10 ml 加えて懸濁後，遠心分離する．

● RNA の分画

⑩ 脂質除去後の沈殿に 4 ml の 0.3 N 水酸化ナトリウム溶液を加え，37℃で 1 時間温置する．
⑪ 0.6 N HCl 2 ml で中和し，さらに 20％過塩素酸 1 ml を加え遠心分離し，上清を 10 ml メスフラスコに回収する．
⑫ 沈殿に 4％過塩素酸 2 ml を加えて懸濁し，ふたたび遠心分離して上清を回収する．⑪の上清と合わせて RNA 画分とする．RNA 画分は 10 ml メスフラスコで定容する．

● DNA の分画

⑬ RNA を除いた沈殿に，4％過塩素酸 5 ml を加え，90℃で 15 分間加熱する．
⑭ 冷却後遠心分離し，上清を 10 ml メスフラスコに回収する．
⑮ 沈殿にさらに 4％過塩素酸 5 ml を加えて懸濁後，遠心分離して上清を回収する．⑭の上清と合わせて DNA 画分とする．DNA 画分は 10 ml メスフラスコで定容する．なお，この際得られる沈殿物はおもにタンパク質である．

12.2 核酸の定量——RNA および DNA の定量

12.2.1 RNA 定量（オルシノール法）（60分）

■ 原 理

　RNA が酸により加水分解されリボース（ペントースの一つ）を遊離する．ペントースを強酸中で加熱するとフルフラールが生じる．オルシノールは触媒である塩化鉄（Ⅲ）の存在下でフルフラールと反応して緑色になる．この呈色度を 665 nm で比色測定する．プリンヌクレオチドだけが有為な反応を示す．

III 生体成分に関する実験

■ 準備するもの ■

【器具】
① 分光光度計
② ウォーターバス（100℃）

【試薬】
① オルシノール試薬：オルシノール1gを塩化第二鉄（$FeCl_3・6H_2O$）0.5gを含む濃塩酸100 mlに溶かす．実験の当日に作製．塩酸蒸気を吸わないようにドラフトを利用する．
② 酵母RNA標準液：酵母RNAを100 μg/ml，精製水に溶かす．

【試料】
実験12.1で調製したラット肝臓のRNA画分

■ 実験操作 ■

① 試験管に試料2.0 ml（精製水または5％過塩素酸で試料を4倍に希釈したもの）をとる．
② オルシノール試薬2 mlを加える．
③ 沸騰水浴中で20分間加熱する．
④ 試験管を流水で冷却後，空試験（試料のかわりに精製水または5％過塩素酸を用いて同様に反応させたもの）を対照に665 nmの吸光度を測定する．

【検量線】
試験管5本に酵母RNA標準液0，0.5，1.0，1.5，2.0 mlをとり，精製水を加えて2.0 mlにする．以下，操作②～④に従い，横軸にRNAの濃度を，縦軸に吸光度をプロットし検量線を作成する（図12.1）．

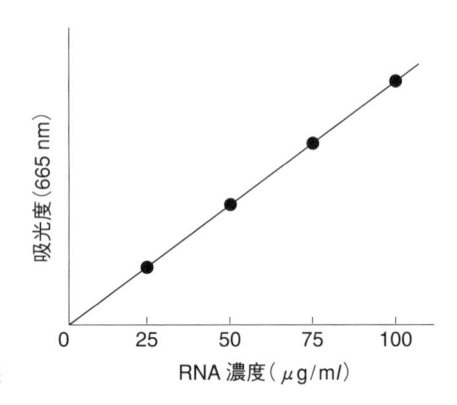

図12.1 RNAの検量線

■ まとめ ■

測定値からラット肝臓1g当たりのRNA含量を計算する．

【計算】
肝臓1g中のRNA量（mg/g肝）
 = 検量線から求めたRNA濃度（μg/ml）× 希釈倍率 × 10 × 1.0（g）/0.5（g）× $1/10^3$

■ 課　題

① 酵母RNA標準液のかわりにプリンヌクレオチドを標準とした場合，RNA定量には注意を要するが，その理由を考察する．
② 細胞に含まれるRNAの種類と機能を調べる．

12.2.2　DNA定量（ジフェニルアミン法）（45分）

■ 原　理

　DNAを酸性条件下でジフェニルアミン処理すると，595 nmに吸収極大をもつ青色の化合物が生成する．ただしこの反応は2-デオキシペントースに一般的に起こる反応で，DNAに特異的ではない．酸性溶液では，デオキシペントースの直鎖型は反応性に富むβ-ヒドロキシレブリンアルデヒドに変わり，これがジフェニルアミンと反応して青い複合体を生じる．DNAでは，酸によりプリンとの結合が切れるプリンヌクレオチドのデオキシリボースだけが反応する．

■ 準備するもの

【器具】
① 分光光度計
② ウォーターバス（100℃）

【試薬】
① ジフェニルアミン試薬：分析用ジフェニルアミン1 gを氷酢酸100 mlに溶解し，2 mlの濃硫酸を加える．当日調製．
② 4％過塩素酸
③ DNA標準液：サケ精子DNAなどのDNA標品50 mgを4％過塩素酸に懸濁し，90℃で加熱分解後，100 mlに定容し，0.5 mg/mlとする．

【試料】
実験12.1で調製したラット肝臓のDNA画分

■ 実験操作

① 試験管に試料（DNA画分）1.5 mlをとる．空試験は4％過塩素酸1.5 mlを用いる．
② ジフェニルアミン試薬を3 ml加えてよく混合する．
③ ガラス玉で試験管の口をふさぎ，沸騰水浴中で10分間加熱する．
④ 流水で冷却後，空試験を対照に595 nmの吸光度を測定する．

【検量線】
　試験管6本にDNA標準液0，0.3，0.6，0.9，1.2，1.5 mlをとり，4％過塩素酸を加えて1.5 mlにする．以下，操作②〜④に従い，横軸にDNAの濃度（0，0.1，0.2，0.3，0.4，0.5 mg/ml）を，縦軸に吸光度をプロットし検量線を作成する（図12.2）．

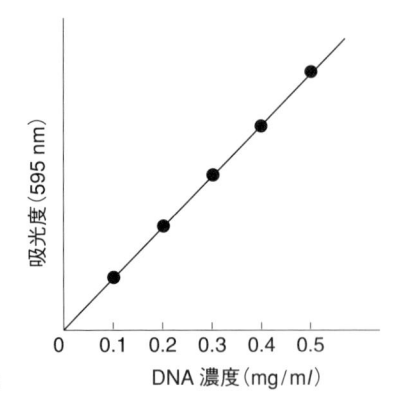

図12.2　DNAの検量線

まとめ

測定値からラット肝臓1g当たりのDNA含量を計算する．

【計算】

肝臓1g中のDNA量（mg/g肝）
　= 検量線から求めたDNA濃度（mg/ml）× 10 × 1.0（g）/0.5（g）

■ 課 題

① すべての細胞はDNAを含んでいるが，組織によって存在量が異なるのはなぜかを調べる．
② セントラルドグマとは何か．またその流れのそれぞれの反応が起こる細胞内の場所を調べる．

III 生体成分に関する実験

13 DNAの調製と観察、および定量実験

　デオキシリボ核酸（DNA）は、遺伝情報を保存・伝達する鎖状の高分子化合物であり、染色体の主要成分である。ヒトでは、1細胞あたり46個、23対の染色体があり、個々の染色体は1分子のDNAである。染色体DNAには、多数の遺伝子（一定の塩基配列により規定される遺伝・形質の作用単位で、一つの遺伝子は通常数百から数千塩基対からなる）が連鎖状に存在する。DNAはヒストンなどの多くのタンパク質と結合している。ヒトの1細胞当たり、46分子の染色体DNAの合計は、約 6×10^9 塩基対（分子量約 4×10^{12}）であり、長さは1.8mに達する。驚くべきことに、それらは半径約 $3\mu m$ の細胞核に収納されている。

　非常に長いDNA分子は、物理的な剪断力に弱い。また、DNA分解酵素（DNase）が組織そのものに含まれている。組織からDNAを調製するときには、たとえば基本的な二本鎖DNAの性質の検討を行うため、またはゲノムDNAライブラリーを作製するためなど、その目的に応じて試料や抽出・精製法を選択する必要がある。

　ここでは二本鎖DNAを動物肝臓から調製し、紫外部吸収の測定によって、DNAの濃度および純度を検討し、さらに二本鎖DNAの変性を観測する。

13.1 肝臓からのDNAの調製（90分）

■ 原理 ■

　界面活性剤のドデシル硫酸ナトリウム（SDS）は、DNAに付着しているタンパク質や脂質とミセルを形成し、これを可溶化することによりDNAを遊離させる。またSDSはDNaseを失活させる。EDTAはDNaseの共同因子であるカルシウムイオンやマグネシウムイオンをキレートすることにより活性を阻害する。

　SDS処理したものをクロロホルム・アミルアルコール混合液で処理すると、DNAは水層に、変性したタンパク質の大部分は両層の界面（中間層）に移行する。この処理により、タンパク質の変性とDNAの分別抽出を同時に行うことができる。

　溶液中のDNAは、0.1～0.4M程度の1価カチオンの存在する比較的高い極性下で、エタノールを加えることにより沈殿（エタノール沈殿）させて回収できる。

■ 準備するもの ■

【器具】
① ポッター-エルベイエム（Potter-Elvehjem）型ホモジナイザー
② 冷却遠心機
③ プラスチック蓋付き遠心管（SUMILONチューブなど）、スポイト、ガラス棒など

【試薬】

① 塩化ナトリウム（NaCl）-EDTA溶液（0.15 M NaCl-0.1 M EDTA pH 8.0）：8.77 g 塩化ナトリウムと37.22 g エチレンジアミン四酢酸二ナトリウム二水和物を800 mlの精製水に溶解，1 M 水酸化ナトリウム溶液でpH 8.0に調整後1 lとする．

② 10% SDS 溶液：SDS 0.5 g を①のNaCl-EDTA溶液5 mlに溶かす．

③ 5 M 過塩素酸ナトリウム溶液

④ クロロホルム・イソアミルアルコール溶液（体積比24：1）

⑤ NaCl-クエン酸ナトリウム溶液（0.15 M NaCl-0.015 M クエン酸ナトリウム pH 7.0）：8.77 g 塩化ナトリウムと4.41 g クエン酸三ナトリウム二水和物を800 mlの精製水に溶解，1 M 塩酸でpH 7.0に調整後1 lとする．

⑥ 純エタノール（-20℃以下に冷却しておく）

【試料】

新鮮な肝臓．本実験では，新鮮な市販のウシ，ブタ，ニワトリなどの肝臓を用いる．-20℃で凍結保存したものを，当日自然解凍して用いてもよい．染色体 DNA ライブラリーの作製などを目的とするならば，生体より取り出した直後のもの，または，生体より取り出したあとただちに液体窒素凍結し，-80℃以下で保存したものを用いる必要がある．

■ 実験操作 ■

① 肝臓5 g に NaCl-EDTA 溶液5 mlを加え，塊がほとんどなくなるまで数分間ホモジナイズする．

② 血管などの大きな塊が入らないように上清液をとり，2倍量の NaCl-EDTA 溶液を加えて希釈ホモジネートとする．

③ 希釈ホモジネート20 mlをビーカーに移す．10% SDS 溶液を5 ml加えて穏やかに混合し，60℃，10分間加熱する．この間，30秒に1回穏やかに混ぜる．加熱後室温まで冷却する．

④ 冷却後，過塩素酸ナトリウム溶液5 mlを加えて穏やかに混合し，50 mlポリプロピレン遠心管2本に半量ずつ（約15 ml）分注する．等容のクロロホルム・イソアミルアルコール混液をそれぞれ約15 ml加えてバランスを取り，しっかりと蓋をする．1回/1秒，15分間ゆっくりと転倒混和する．

⑤ 2本の遠心管のバランスを再確認し，3000回転，15分間遠心分離する（4℃が望ましい）．

⑥ 中間層の変性したタンパク質を取らないように気をつけながら，水層（上層）を口の太いスポイトでビーカーに移す．中間層およびクロロホルム層（下層）は塩素系有機廃液として捨てる．

⑦ 2倍容約60 mlの冷却純エタノールをゆっくりとビーカー壁面を伝わらせて加える（ビーカー内の液が2層に分かれる）．

⑧ 2層の境界面付近にガラス棒を入れて静かに回転させると，境界面付近に細い糸状のDNAが析出する．そのようすをよく観察するとともに析出したDNAをガラス棒に巻き付ける．高分子量のDNAが充分に調製されているならば，容易に巻き取ることができる．うまく巻き付かないときは，全体を静かに混ぜ合わせてDNAを析出させて巻き付ける．DNAが分断され，溶液が白濁するだけでDNAを巻き取れないときは，白濁液を遠心分離して沈殿をDNAとす

る．
⑨ 充分巻き付けたあと，DNAをガラス棒ごと取り出し，表面の水分をろ紙で軽く吸い取る．
⑩ DNAをガラス棒ごとNaCl-クエン酸ナトリウム溶液3 mlにつけ，⑧とは逆方向に静かに回転させながらDNAを溶かす．これをDNA原液とする．DNA原液は4℃で1か月以上保存可能である．また，使用まで-20℃以下で凍結して保存してもよい（1年以上安定）．

13.2　核酸の紫外吸収と変性——定量，純度検定および融解温度（90分）

原　理

核酸は，構成成分のプリンとピリミジンのもつ共役二重結合系によって，紫外部に強い吸収をもつ．その吸収は260 nmに特異的な極大が，230 nmに極小がある．二本鎖DNAの溶液を高アルカリ（pH 11.5以上）または一定温度以上にすると，二重らせん構造が壊れて相補鎖が離れ，ランダムコイル状になり，これを核酸の変性という．変性すると近接塩基間のスタッキングによる電子相互作用がなくなるため，紫外線吸収が約40%増大する（濃色効果）．温度を上昇させてみた変性の中間点の温度を融解温度（melting temperature, T_m）という．

準備するもの

【器具】
① 分光光度計（紫外部200～300 nmの測定が可能であり，サンプルキュベットの加熱循環装置が付属しているものが望ましい）
② 石英セル

【試薬】
① NaCl-クエン酸ナトリウム溶液（実験13.1で用いたもの）

実験操作

(1) 濃度の算出
① DNA原液をNaCl-クエン酸ナトリウム溶液を用いて50～200倍に希釈し，A_{260}（260 nmでの吸光度）を求める．吸光度の空試験にはNaCl-クエン酸ナトリウム溶液を用いる．

(2) 純度の検討
① DNA原液およびNaCl-クエン酸ナトリウム溶液を用いて25～50 μg/mlの希釈DNA溶液を準備する（セルの容量分）．
② 分光光度計を用いて200 nm～300 nmの吸光スペクトルを求める．

(3) 融解温度と融解曲線
二重らせんのDNA溶液をゆっくり加熱してある温度に達すると，温度の上昇にともなって二本鎖が分離し，吸光度は急激にある高い値まで増加する（図13.1）．熱いDNA溶液をゆっくり冷却すると，二本鎖はふたたび結合する．したがって冷却曲線と融解曲線は一致するはずである．しかし，熱いDNA溶液を急冷すると，二本鎖に不規則な形の結合が起こるため，室温に戻した溶液の吸光度は加熱前のもとのDNA溶液の吸光度よりも高くなる（図13.1）．

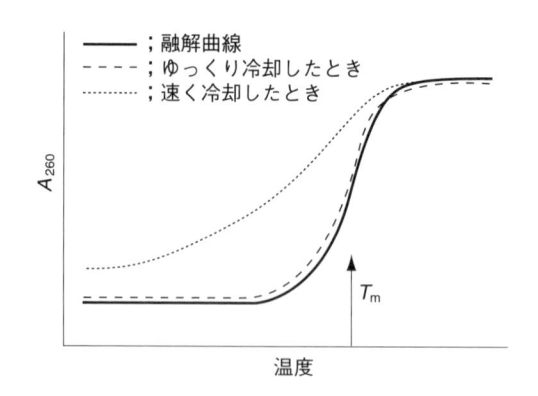

図13.1 DNAの吸光度に及ぼす温度の影響

(グラフ内凡例: ──;融解曲線, ---;ゆっくり冷却したとき, ……;速く冷却したとき, 縦軸: A_{260}, 横軸: 温度, T_m)

●温度調節できるセル室を備えた分光光度計を使用する場合
① 室温での吸光度が約 0.3〜0.5 となる DNA 溶液を用意する．
② DNA 溶液を分光光度計のセル室に入れ，温度を室温から 90℃（できれば 95℃）まで上昇させ，温度変化（キュベット内の DNA 溶液温度を測るのが望ましい）にともなう A_{260} の変化を記録する．
③ キュベットを 90℃（95℃）から室温までゆっくりと冷却したときの到達 A_{260} を求める．可能であれば温度変化にともなう吸光度変化を測定する．
④ キュベットを 90℃（95℃）から急速に冷却したときの到達 A_{260} を求める．可能であれば温度変化にともなう吸光度変化を測定する．

●温度調節できない場合
① 室温での吸光度が約 0.3〜0.5 となる DNA 溶液を用意し，キュベット（つる首または密閉できるキュベットがあると便利）に入れる．
② ビーカーに 50℃ の精製水を用意する．キュベットを 50℃ に 5 分間置き，キュベットの表面を素早く拭いてただちに A_{260} を測定する．またそのときのビーカーの水温も測定する．
③ 同様に 60, 70, 75, 80, 85, 90℃ での A_{260} を測定する．できれば 95℃ での A_{260} も測定する．
④ キュベットを 90℃（95℃）から室温までゆっくりと冷却したとき，および急冷したときの到達 A_{260} を求める．

まとめ

（1）濃度の算出

標準的二本鎖 DNA では 50 μg/ml のとき，$A_{260} = 1.0$ となり，DNA 原液の濃度は以下のようになる．

$$\text{DNA 濃度}(\mu\text{g/m}l) = A_{260} \times 50 \times (\text{希釈倍率})$$

（2）純度の検討

吸光度比 A_{260}/A_{280} より得られた DNA の純度を検討する．なお，標準的 DNA 溶液（1 g/l）では $A_{260} = 20$，$A_{280} = 11.5$，$A_{260}/A_{280} \fallingdotseq 1.74$ である．

（3）融解温度と融解曲線

熱処理 DNA 溶液の A_{260} の変化を温度に対してプロットし，融解曲線を作製するとともに T_m を求める．さらに，冷却曲線を作製する（または冷却後の到達 A_{260} を書き込む）．

■ 課　題

① 個々に得られた DNA 原液が 4℃ で 1 か月以上保存可能である理由を考える．
② DNA 二重らせん鎖の分子構造を示す．
③ 吸光度比 A_{260}/A_{280} によって純度が検定される理由を考察する．

III 生体成分に関する実験

14 ビタミンの定性および定量実験

ビタミンは微量で生体の生理機能に関与する有機化合物であるが、その多くは生体内で合成できないため食物より摂取する必要がある。したがって、ビタミンの生化学的検査は糖代謝などの代謝機能を把握するだけでなく、欠乏症や過剰障害の指標にもなりうる。ここでは、脂溶性および水溶性ビタミンの検出に用いられる反応を学ぶとともに、尿中のビタミンCを定量する。

14.1 ビタミンの定性実験（80分）

原理

(1) ビタミンB_1

ビタミンB_1はアルカリ性下で赤血塩で酸化するとチオクロームとなり、青藍色の蛍光を発する（チオクローム反応）。

(2) ビタミンB_2

ビタミンB_2はアルカリ性下で光を当てるとルミフラビンとなり、黄緑色の蛍光を発する（ルミフラビン反応）。

(3) ビタミンC

2,6-ジクロロフェノールインドフェノールは酸性下でビタミンCにより還元され、その赤色が消失する（インドフェノール反応）。

(4) ビタミンD

共役二重結合を多数もつ化合物に三塩化アンチモンが反応すると呈色物質を生じるが、ビタミンDの場合は橙黄色を呈する（ブロックマン・チェン反応）[*1]。

(5) ビタミンE

ビタミンEが酸化されてキノイド型になることに基づく反応であり、赤色を呈する。

準備するもの

【器具】
① 紫外線ランプ　② 紫外線防護メガネ　③ 蛍光灯スタンド　④ 試験管ミキサー
⑤ 湯煎器　⑥ 試験管　⑦ ピペット　⑧ ビーカー

【試薬】
(1) ビタミンB_1
① 30% 水酸化ナトリウム（NaOH）　② 0.1% 赤血カリウム（フェリシアン化カリウム）
③ 1-ブタノール

（2）ビタミンB_2
① 1 M 水酸化ナトリウム　　② 氷酢酸　　③ クロロホルム
（3）ビタミン C
① インドフェノール液：0.1 mg% 2,6-ジクロロフェノールインドフェノールナトリウム水溶液，調製時の pH では青色
② 2％メタリン酸
（4）ビタミン D
① 三塩化アンチモンのクロロホルム飽和溶液：精製したクロロホルム 100 ml に三塩化アンチモン 20 g を溶解する．吸湿しないよう注意する
（5）ビタミン E
① メタノール　　② 濃硝酸

【試料】
市販のビタミン，ビタミン製剤やドリンク剤など

実験操作

（1）ビタミンB_1
① 試験管に試料 1 ml をとり，30% NaOH，0.1％ 赤血カリウムを 1 ml ずつ加えて混合する．
② 1-ブタノール 5 ml を加えて約 2 分間激しく混合したあと，静置して 2 層に分離させる．
③ 暗所で紫外線ランプを当て，上層の蛍光を観察する[*2]．

（2）ビタミンB_2
① 試験管に試料 1 ml をとり，1 M NaOH 1 ml を加えて混合したあと，約20分間蛍光灯スタンドの光を当てる．
② 氷酢酸 0.1 ml，クロロホルム 2 ml を加えて約 2 分間激しく混合したあと，静置して 2 層に分離させる．
③ 暗所で紫外線ランプを当て，上層の蛍光を観察する．

（3）ビタミン C
① 試験管にインドフェノール液（青色）1 ml をとり，2％メタリン酸 2 ml を加えて溶液の色を赤色とする．
② ピペットで試料を滴下して混合しつつ，赤色の消失を観察する．

（4）ビタミン D
試験管に試料 3～4 滴をとり，三塩化アンチモンのクロロホルム飽和溶液を 2～3 ml 加えて混合したあと，溶液の色を観察する．

（5）ビタミン E
① 試験管に試料を少量とり，1～2 ml のメタノールを加えて溶かす．
② 濃硝酸 1～2 ml を加えて混合し，加温したあと，溶液の色を観察する．

まとめ

各反応の原理から，ビタミンの構造と定性反応との関連を整理する．また，ビタミンの生理作用を整理してみる．

＊1 この反応はビタミンAの検出にも使われ，溶液は青藍色を呈する（カール・プライス反応）．
＊2 紫外線ランプを使用するときには，安全のため紫外線防護メガネをかける．

14.2 尿中ビタミンCの定量（150分）

原 理

ビタミンC（アスコルビン酸）の還元作用により生成した第一鉄イオン（Fe^{2+}）と，α,α'-ジピリジル試薬との反応により形成される赤色の錯イオンを比色定量する．

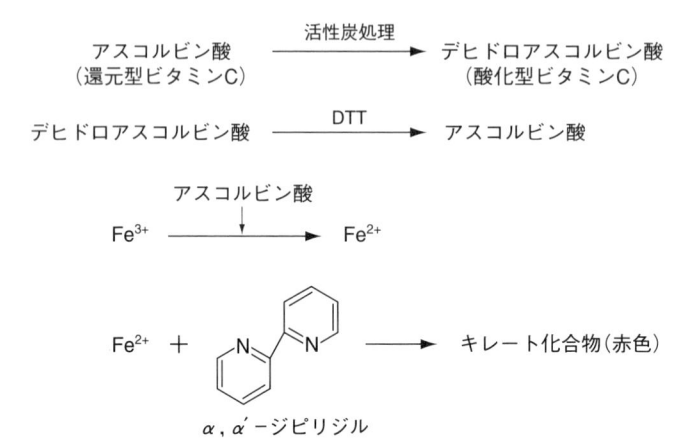

$$\text{アスコルビン酸（還元型ビタミンC）} \xrightarrow{\text{活性炭処理}} \text{デヒドロアスコルビン酸（酸化型ビタミンC）}$$

$$\text{デヒドロアスコルビン酸} \xrightarrow{\text{DTT}} \text{アスコルビン酸}$$

$$Fe^{3+} \xrightarrow{\text{アスコルビン酸}} Fe^{2+}$$

$$Fe^{2+} + \alpha,\alpha'\text{-ジピリジル} \longrightarrow \text{キレート化合物（赤色）}$$

図14.1 ビタミンC定量の原理

準備するもの

【器具】
① 恒温水槽　② 分光光度計
③ 試験管，ピペット，ビーカー，メスフラスコ，ろ紙（No.5Bまたは6）

【試薬】
① 活性炭（ノーリット）
② 15％トリクロロ酢酸（TCA）溶液
③ アスコルビン酸標準液：10 mg/dl 水溶液（要事調製）．
④ 発色試薬：リン酸2容，4％ α,α'-ジピリジル-70％エタノール溶液2容，1.8％塩化第二鉄（6水塩）溶液1容を混合したもの．
⑤ 0.3％ジチオトレイトール（DTT）溶液
⑥ 1％ N-エチルマレイミド（NEM）溶液
⑦ 6％リン酸二ナトリウム溶液

【試料】
　尿5.0 ml，活性炭0.5 g，15％ TCA溶液2.5 ml を約3秒間激しく混合したあと，ろ紙でろ過し，得られたろ液を試料とする[*1]．

実験操作

① 2本の試験管に試料溶液をそれぞれ主検用と対照用に2.0 mlずつとり，6％リン酸二ナトリウム溶液3.0 mlを加えて混合する．pHが7.0前後であることを確認しておく．

② 主検用には0.3％DTT溶液0.5 mlを加え，室温で10分間放置後，1％NEM溶液0.5 mlを加え，さらに約1分間放置する．一方，対照用には0.3％DTT溶液と1％NEM溶液の等量混合液（要事調製）を1 ml加えて混合する．

③ 主検用と対照用にそれぞれ発色試薬2.5 mlを加えて混合し，37℃の恒温水漕で40分間放置する．

④ 525 nmの吸光度を測定する．試料溶液の主検値から対照値を差し引いた値を用いて検量線からアスコルビン酸濃度を求める．

【検量線】

6本の試験管にアスコルビン酸標準液0，0.4，0.8，1.2，1.6，2.0 mlをとり，精製水を加えて2.0 mlにする．各試験管に6％リン酸二ナトリウム溶液3.0 mlを加えて混合する．以下，②～④の主検用操作に従い，横軸にアスコルビン酸濃度を，縦軸に吸光度をプロットして検量線

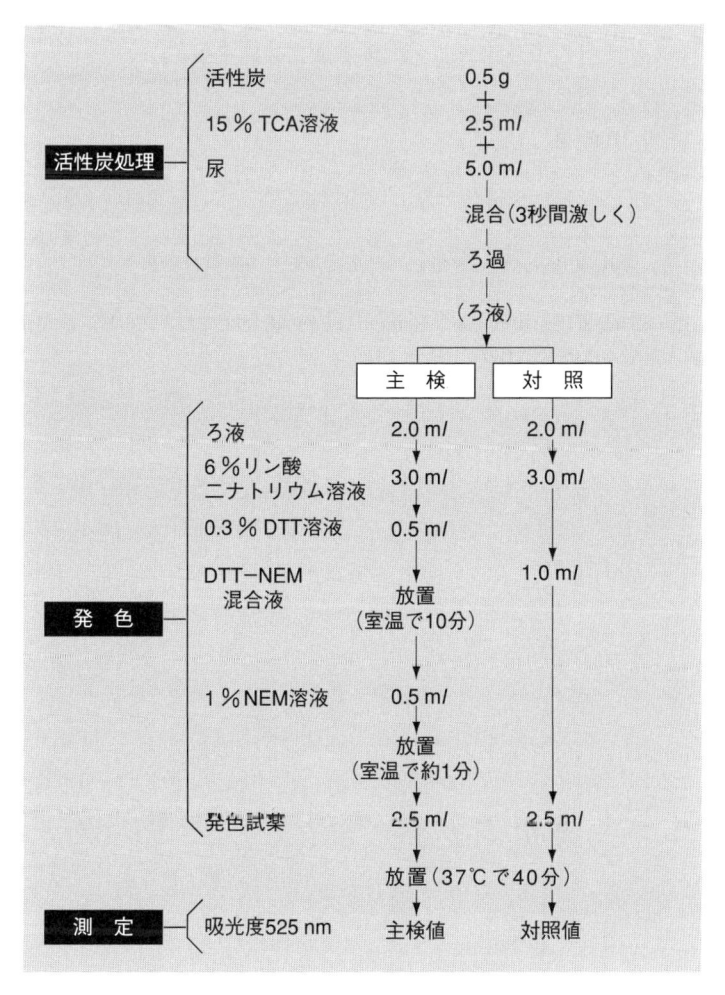

図14.2 尿中ビタミンCの定量

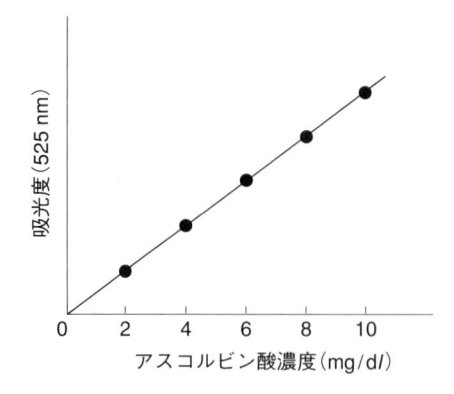

図14.3　アスコルビン酸の検量線

を作成する（図14.3）．

まとめ

試料溶液を調製した際の希釈率を考え，尿中のアスコルビン酸濃度を求める．1日の尿排泄量を 1200 ml と仮定して，1日のアスコルビン酸排泄量を計算する[*2]．

【計算】

尿中のビタミンC濃度（mg/dl）

= 検量線から求めたアスコルビン酸濃度（mg/dl）× 7.5/5

[*1] 活性炭処理により，尿中のアスコルビン酸以外の還元力をもつ物質は除去され，アスコルビン酸自身は，デヒドロアスコルビン酸になる．

[*2] 健常者で1日 10～60 mg 程度を排泄する．10 mg/日以下の場合は，アスコルビン酸が体内で飽和されていない，または欠乏しているとみなされる．

III 生体成分に関する実験

15 ミネラルの定性および定量実験

人体を構成している元素のうち，O，C，H，Nを除く元素をミネラル（無機質）と総称する（体内に4〜6％存在する）．ここでは，血液と尿を試料として，定性および定量実験を行う．

15.1 尿中ミネラルの定性（60分）

簡便な実験操作で，存在を確認できるものとして，カルシウム（Ca），マグネシウム（Mg），塩素（Cl），イオウ（S），リン（P）について検出を行う．

■ 準備するもの ■

【試薬】
① 希塩酸　② 3.5 w/v％ シュウ酸アンモニウム〔$(COO)_2(NH_4)_2$〕溶液
③ 10 w/v％ アンモニア水　④ 希硝酸　⑤ 1 w/v％ 硝酸銀（$AgNO_3$）溶液
⑥ 10 w/v％ 塩化バリウム（$BaCl_2$）溶液　⑦ 10 w/v％ 塩化第二鉄（$FeCl_3$）溶液

【試料】
尿

■ 実験操作 ■

(1) カルシウム（Ca）
① 尿5 mlを試験管にとり，希塩酸を数滴加えて煮沸する（にごりがあるときはろ別する）．
② 尿が熱いうちに，予備加熱しておいた3.5％ シュウ酸アンモニウム溶液を加えて撹拌する．
③ シュウ酸カルシウム〔$(COO)_2Ca$〕の白濁を生じる（反応が遅いので，すぐに結果が確認できないときは長時間放置してから判定する）．

(2) マグネシウム（Mg）
① カルシウムの検出で，最後にシュウ酸カルシウムの白濁を生じた試料をろ過して，沈殿を除く．
② ろ液に1/3容量のアンモニア水を加えて放置する．
③ 結晶性のリン酸アンモニウムマグネシウム（$MgNH_4PO_4 \cdot 6H_2O$）の黄色沈殿を生じる．

(3) 塩素（Cl）
① 尿5 mlを試験管にとり，希硝酸を数滴加えて酸性にする．
② 1％ 硝酸銀溶液を加えると，塩化銀（AgCl）の白色沈殿を生じる．

（4）イオウ（S）〔硫酸イオン（SO_4^{2-}）として検出する〕

① 尿 5 ml を試験管にとり，希塩酸を数滴加えて酸性にする．
② 10% 塩化バリウム溶液を加えると，硫酸バリウム（$BaSO_4$）の白色沈殿を生じる．

（5）リン（P）〔リン酸イオン（$H_2PO_4^-$，HPO_4^{2-}）として検出する〕

① 尿 5 ml を試験管にとり，10% 塩化第二鉄（$FeCl_3$）溶液を加える．
② リン酸第二鉄（$FePO_4$）の白色沈殿を生じる．

■ まとめ

文献などから，ヒトの尿中にはどのようなミネラルが存在するのかを調べてみる．

15.2 尿中塩素と血清鉄の定量

現在，ミネラルの定量には原子吸光分析法がよく用いられている．しかし，この方法は専用の分析装置を必要とし，試料の調製（ふつう灰化を行う）にも時間がかかる．ここでは，比較的簡便な方法を用いて尿中塩素と血清鉄の測定を行う．

15.2.1 尿中塩素の定量（モール法）[*1]（40分）

尿中塩化物の大部分は食塩である．発汗がなければ，食塩は腎臓経由で尿中に排泄され，尿中塩化物の量は食物とともに摂取される食塩量に大きく影響される．

■ 原　理

Cl^- と CrO_4^{2-} はともに Ag^+ と反応して沈殿を生じる．Cl^- と CrO_4^{2-} の共存下では，まず塩化銀（$AgCl$）が沈殿し（白色），Cl^- がすべて反応したあとにクロム酸銀（Ag_2CrO_4）が沈殿し始める（赤褐色）．これを利用して，食塩量を定量する．

■ 準備するもの

【器具】
① 褐色ビュレット

【試薬】
① 0.02 M 硝酸銀（$AgNO_3$）溶液（ファクター：F）
② 10 w/v% クロム酸カリウム（K_2CrO_4）溶液

【試料】
尿

■ 実験操作

① 蒸留水 20 ml を三角フラスコにとり，10% クロム酸カリウム溶液 1 ml を加える．
② 溶液を撹拌しながら，褐色ビューレットから 0.02 M 硝酸銀溶液を滴下する．
③ 溶液が赤褐色になった点を終点とする（空試験）．
④ 尿 1 ml を三角フラスコにとり，蒸留水 20 ml を加え，さらに 10% クロム酸カリウム溶液

1 ml を加える．
⑤ 褐色ビュレットから 0.02 M 硝酸銀溶液を滴下し，滴定する（本試験）．
⑥ ⑤の滴定値から③の滴定値を差し引いて，真の滴定値とする．

まとめ

食塩（相当）量（％）＝ 硝酸銀溶液の真の滴定値（ml）× 0.00117 × F × 100

課題

① 褐色ビュレットを用いる理由を考える．
② 上の計算式の中で，0.00117は何を表しているか．
③ 自分の 1 日尿排泄量を 1200 ml と仮定して，1 日食塩（相当）排泄量を計算する．

15.2.2 血清鉄の定量（60分）

鉄は成人の体内に約 4 g 含まれ，その 60〜70％ は赤血球ヘモグロビンとして存在している．血漿（清）中の鉄はトランスフェリンと結合して運搬され，骨髄，肝臓，脾臓にフェリチンとして三価鉄（Fe^{3+}）の形で貯蔵される．

原理

血清に塩酸を加えて鉄を遊離させ，除タンパクしたあと，バソフェナントロリンスルホン酸ナトリウムを加えて錯体を形成させ，発色させて比色定量する．

準備するもの

【器具】
① 分光光度計　　② 遠心分離器　　③ 褐色瓶[*2]

【試薬】
① 除タンパク液：トリクロル酢酸 100 g を 600 ml の精製水に溶かし，チオグリコール酸（メルカプト酢酸）30 ml と塩酸 80 ml を加えたあと，精製水を加えて 1000 ml として，褐色瓶に保存する．
② 発色液：バソフェナントロリンスルホン酸ナトリウム 250 mg を 2 M 酢酸ナトリウム溶液 1000 ml に溶かす．
③ 2 μg/ml 鉄標準液：市販標準液（1 mg/ml）を500倍希釈して用いる．

【試料】
血清

実験操作

① 血清，鉄標準液，精製水（空試験）のそれぞれ 2 ml を試験管にとる．
② 各試験管に除タンパク液 2 ml を加えてよく撹拌する．
③ 5 分間室温に放置後，各試験管を 3000 rpm で15分間遠心分離する．
④ 各上清 2 ml をそれぞれ試験管にとり，発色液 2 ml を加えてよく撹拌する．

⑤ 10分間室温に放置後，空試験を対照として535 nmの吸光度を測定する．

まとめ

血清鉄濃度（μg/dl） ＝ 試料の吸光度/標準液の吸光度 × 200

標準値：男子 80～200 μg/dl，女子 70～180 μg/dl

課題

① 除タンパクの操作を行うのはなぜかを考える．
② チオグリコール酸（メルカプト酢酸）の役割を調べる．

＊1 滴定の終点で沈殿が生成することを利用するので，沈殿滴定とよばれる方法の一つである．
＊2 ガラス器具は使用前に塩酸で洗浄し，精製水ですすいだあとに風乾する．

III 生体成分に関する実験

16 in vitro 消化実験

摂取された食物中の栄養素は，口腔，胃，小腸内で消化酵素によって順次加水分解され，最終的に小腸上皮で膜消化により吸収可能な形にされると同時に吸収される．

16.1 パンクレアチンによるデンプン，脂肪，およびタンパク質の消化（100分）

小腸管腔内（in vivo）でのデンプン，脂肪，およびタンパク質の消化をパンクレアチン[*1]を用いて試験管内（in vitro）で確認する．

原 理

（1）デンプンの消化

デンプンが分解されるにしたがって，ヨウ素デンプン反応は赤～黄色を呈する．また，デンプンの分解によって還元糖が生成し，フェーリング反応で赤褐色の沈殿を生じる．

（2）脂肪の消化

脂肪が分解されると，脂肪酸が生じてpHが低下し，フェノールレッド[*2]は黄色を呈する．

（3）ゼラチンの消化

ゼラチン[*3]は分解されるにしたがって，ゲル化しにくくなる．

準備するもの

【器具】

恒温水槽

【試薬】

① 1 w/v％ デンプン溶液
② 0.1 M 塩化ナトリウム溶液
③ ヨウ素液〔2 w/v％ ヨウ素（I_2）・4 w/v％ ヨウ素カリウム（KI）溶液〕
④ フェーリングA液：硫酸銅五水和物 69.3 g を精製水に溶解し，1 l とする．
⑤ フェーリングB液：ロッシェル塩 346 g と水酸化ナトリウム 100 g を精製水に溶解し，1 l とする．
⑥ フェノールレッド指示薬〔0.1％（20％ エタノール）溶液〕
⑦ 5 w/v％ 炭酸水素ナトリウム（$NaHCO_3$）溶液
⑧ 5 w/v％ ゼラチン溶液

III 生体成分に関する実験

【試料】
① パンクレアチン溶液：パンクレアチン 0.2 g を三角フラスコにとり，精製水 10 ml を加えてよく混合する．これを 40℃ の恒温水槽中に20分間放置してプレインキュベーションしたあと，ろ過して，ろ液を酵素液として用いる．
② 牛乳

実 験 操 作

（1）パンクレアチン（膵アミラーゼ）によるデンプンの消化

① 1％デンプン溶液 20 ml をビーカーにとり，0.1 M 塩化ナトリウム溶液 2 ml を加えてよく撹拌する．
② ①の溶液を 2 本の試験管に 1 ml ずつとる．そのうち 1 本にはヨウ素液 1 滴を加えて混合し（ヨウ素反応の対照），別の 1 本はフェーリング反応の対照としてとりおく．
③ 6 本の試験管を用意し，0，5，10，15，20，30分の印をつけ，さらに，それぞれの試験管にヨウ素液を 1 滴ずつ加える．
④ ビーカーの溶液の残りに酵素液 5〜6 滴を加えて混合し，反応を開始する．ただちにビーカーから 1 ml をとって試験管 0 分に加え，よく混合する（反応 0 分）．
⑤ ④の反応液を反応開始から 5，10，15，20，30分後に 1 ml ずつとり，順次それぞれの試験管に加えて混合する．
⑥ ⑤の終了後，ビーカーに残った溶液を新たな試験管（30分反応後のフェーリング反応）に 1 ml とる．この溶液と②のフェーリング反応の対照についてフェーリング反応を行う．

● フェーリング反応

試料 1 ml を試験管にとり，フェーリング A，B 液各 1 ml を加えて混合したあと，沸騰湯浴で約 3 分加熱する．還元糖が存在すると赤褐色の沈殿を生じる．

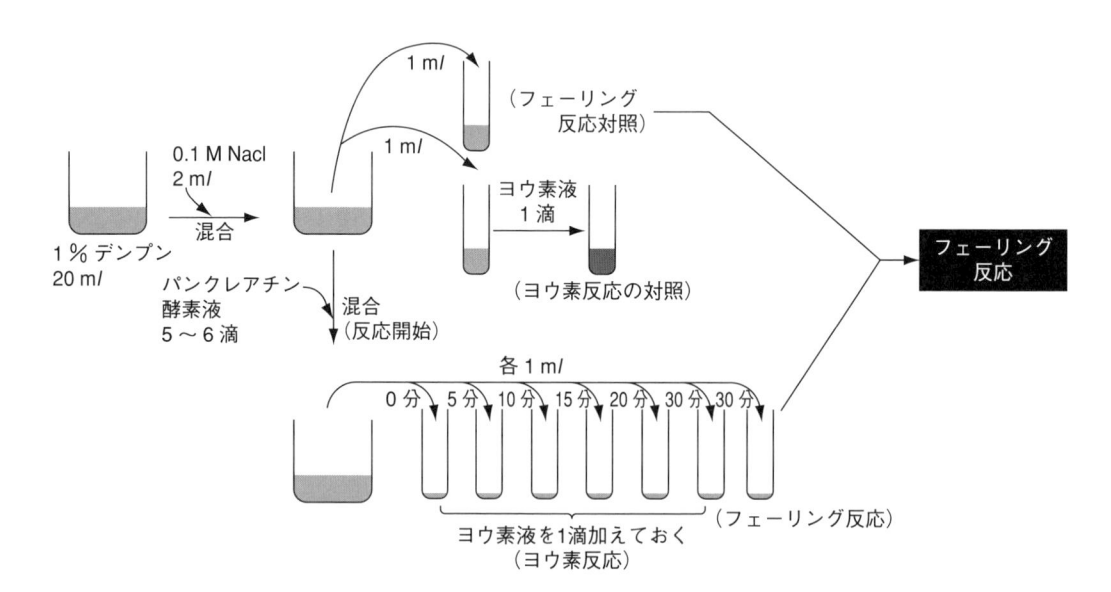

図16.1　パンクレアチンによるデンプンの消化

（2）パンクレアチン（膵リパーゼ）による乳脂肪の消化[*4]

① 3本の試験管に牛乳を3 ml ずつとり，それぞれに5％炭酸水素ナトリウム溶液1 ml，フェノールレッド3滴を加えて混合する．

② 1本の試験管（対照）には精製水2 ml を，ほかの試験管には酵素液2 ml を加えて混合し，溶液の色を観察して記録する（反応0分）．

③ 精製水を加えた試験管とほかの試験管のうちの1本を40℃の恒温水槽に入れ，15分間反応させてから，氷水中に移す．残りの1本は恒温水槽に入れず，15分間氷水中に保存する．3本の試験管について，溶液の色を観察して記録する（反応15分）．

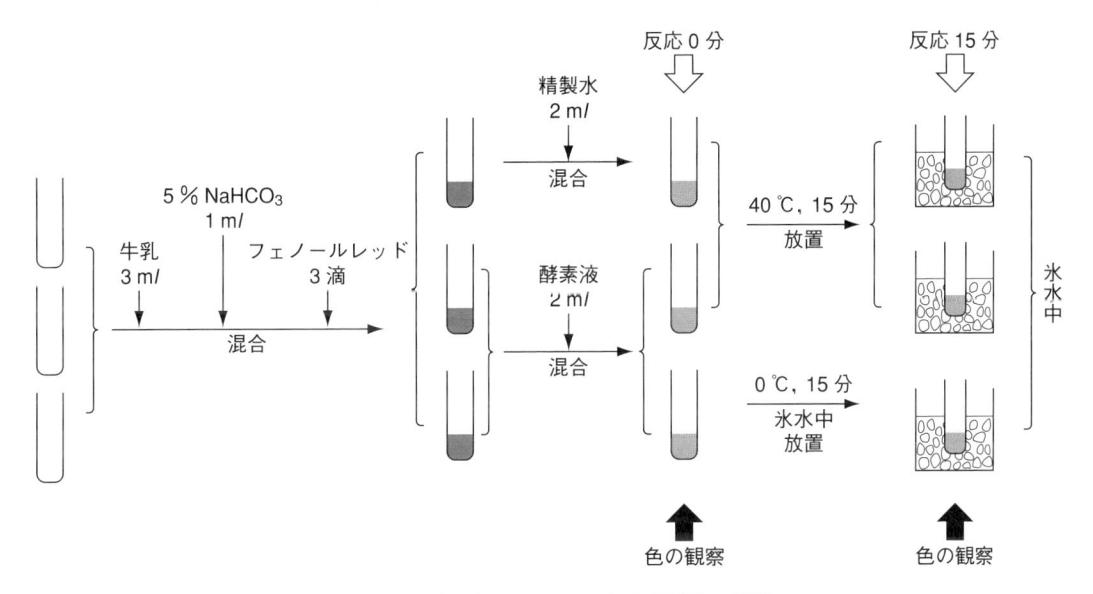

図16.2 パンクレアチンによる乳脂肪の消化

（3）パンクレアチン（膵プロテアーゼ）によるゼラチンの消化

① 5％ゼラチン溶液25 ml を三角フラスコにとり，5％炭酸水素ナトリウム溶液1 ml を加えて混合し，40℃の恒温水槽中に5分以上放置してプレインキュベーションする．

② ①の溶液に酵素液0.5～1 ml を加えて混合し，反応を開始する．ただちに40℃の恒温水槽中の三角フラスコから反応液5 ml を試験管にとり，氷水中に入れる（反応0分）．

③ 反応開始から5，10，20分後に40℃の恒温水槽中の三角フラスコからそれぞれ5 ml を試験管にとり，氷水中に入れる．

④ ②，③の試験管はそれぞれ氷水中に15分間放置したあと，ゼラチン溶液のゲル化の状態を判定する．

まとめ

各消化実験について，それぞれの反応区分の結果を表にまとめて比較する．反応時間の経過とともに消化酵素の作用により基質がどのように変化するのか考える．

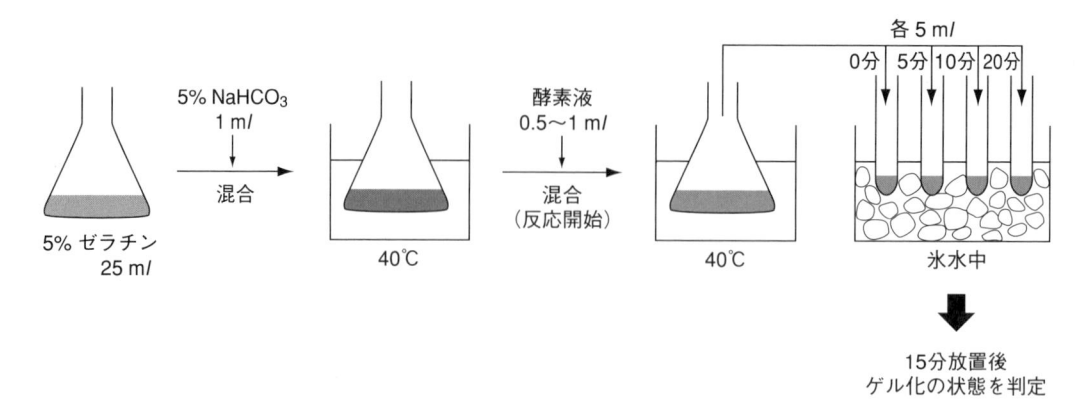

図16.3 パンクレアチンによるゼラチンの消化

■ 課題

デンプン，脂肪，タンパク質が口腔，胃，小腸でそれぞれどのような酵素により消化されていくかを調べる．

＊1 膵臓をアルコールおよびエーテルで洗浄し，乾燥後，粉砕したもので膵液中の酵素の混合物．ここでは，ナカライテスク社の製品を使用．
＊2 フェノールレッドは，pH 6.8以下で黄色，pH 6.8〜8.4では黄〜赤色に変わり，pH 8.4以上では赤色である．
＊3 誘導タンパク質の一種で，ウシ，ブタなどの皮膚や骨の中にあるコラーゲンを加熱して可溶化したもの．
＊4 牛乳中では，乳脂肪がエマルションとして存在しているので，本実験ではとくに乳化剤を用いない．膵リパーゼを作用させるためには，脂肪を乳化する必要があり，体内では胆汁酸（塩）が乳化剤の役割を果たしている．

16.2 ヨウ素デンプン反応による唾液アミラーゼの活性度の測定（60分）

アミラーゼの活性度は，糖化力（還元力の増加）または液化力（粘度の低下，ヨウ素液の呈色度）を判定することによって測定される．ここでは，ヨウ素デンプン反応による唾液アミラーゼの活性度の測定を行う．

■ 準備するもの

【器具】
恒温水槽
【試薬】
① 1 w/v％可溶性デンプン溶液
② 1 w/v％塩化ナトリウム溶液
③ 0.2 M リン酸緩衝液（pH 6.8）
④ 2 M 酢酸溶液
⑤ ヨウ素液〔0.1 w/v％ヨウ素（I_2）・0.4 w/v％ヨウ化カリウム（KI）溶液〕

【試料】

唾液アミラーゼ（希釈唾液）：口腔を1％塩化ナトリウム溶液ですすぎ，塩味がしなくなるまで唾液を飲み込んだあと，しばらく少量の精製水を口に含んで唾液をためてからビーカーなどに出す．唾液は1％塩化ナトリウム溶液で希釈する．

実験操作

① 1％可溶性デンプン溶液必要量を三角フラスコにとり，37℃の恒温水槽中でプレインキュベーションする．
② 試験管を11本用意し，1〜11の番号を記す．
③ 1％塩化ナトリウム溶液をNo.1〜No.11の11本の試験管にそれぞれ1 mlずつ加える．
④ 唾液アミラーゼ1 mlをNo.1の試験管に加えてよく混和する．
⑤ No.1の試験管から1 mlとり，No.2の試験管に加えてよく混和する．
⑥ No.2の試験管から1 mlとり，No.3の試験管に加えてよく混和する．
⑦ ⑥と同様の操作を順次No.10までくり返す（最後にNo.10の試験管から1 ml除く）．このとき，試験管中の唾液アミラーゼはNo.1の2倍希釈から，4倍希釈，8倍希釈，……と2倍ずつ希釈される．No.11は，唾液アミラーゼのない対照である．
⑧ 各試験管に0.2 Mリン酸緩衝液（pH 6.8）2 mlを加え，37℃の恒温水槽中で5分間以上プレインキュベーションする．
⑨ 37℃にプレインキュベーションした1％可溶性デンプン溶液5 mlを1分間隔で，No.1の試験管から順次加えて（ホールピペットで吹き込む），ただちに混和する．
⑩ 最初にデンプン溶液を加えてから，37℃で20分経過後，2 M酢酸溶液2 mlを1分間隔で，No.1の試験管から順次加え，ただちに混和して酵素反応を停止する．
⑪ 各試験管にヨウ素液を1 mlずつ加えて，ヨウ素デンプン反応を行い，呈色させる．
⑫ ヨウ素デンプン反応が青色を失い紫色になった試験管（No. n）を選び（複数存在するときは最もNo.の大きい試験管）その希釈倍数から活性度を求める．

まとめ

唾液アミラーゼの活性度は，37℃，20分間に，唾液1 mlにより分解された1％可溶性デンプン溶液のml数で表す．

D_{20}^{37}：$5 \times 1/$希釈唾液量（ml）$\times$ 希釈倍数

5：1％デンプン液量
希釈唾液量（ml）：1
希釈倍数：2^n
n：試験管No

III 生体成分に関する実験

17 プロテアーゼ

プロテアーゼはタンパク質を加水分解する酵素の総称であり，タンパク質分子内部のペプチド結合を加水分解するエンドペプチダーゼと，分子の末端から順次加水分解するエキソペプチダーゼとがある．ヒト消化管に分泌される主要なプロテアーゼは，胃からのペプシン（胃内で作用），膵臓からのトリプシン，キモトリプシン（小腸管腔内で作用）であり，これらはいずれもエンドペプチダーゼに属する．

17.1　ペプシンとパンクレアチンによるタンパク質の人工消化（240分）

◆ 原　理 ◆

pH 2でペプシン，pH 8でパンクレアチン（トリプシン，キモトリプシン）による消化を行う．消化反応液の一部を取り出し，TNBS（トリニトロベンゼンスルフォン酸）法で生じたアミノ基の量を測定し，ペプチド結合の加水分解と消化の程度を確認する．

◆ 準備するもの ◆

【器具】
① 恒温水槽　　② 遠心分離器　　③ 分光光度計

【試薬】
① 1 w/v％ ペプシン溶液：ペプシン[*1] 1 gを100 mlの精製水に溶解する．
② 0.2 M 塩酸
③ 1 w/v％ パンクレアチン溶液：パンクレアチン[*2] 1 gを100 mlの0.2 Mリン酸緩衝液（pH 8.0）に溶解する．
④ 0.2 M リン酸緩衝液（pH 8.0）
⑤ 0.1 Mおよび0.2 M 水酸化ナトリウム溶液
⑥ 10 w/v％ トリクロル酢酸（TCA）溶液
⑦ 2 mM グリシン溶液
⑧ 0.2 M ホウ酸ナトリウム緩衝液（pH 9.4）
⑨ 4 mM TNBS溶液
⑩ 18 mM 炭酸ナトリウムを含む2 Mリン酸二水素ナトリウム溶液

【試料】
1％ タンパク質溶液：タンパク質を含む食品（スキムミルクなど）を溶解，希釈する．

実 験 操 作

●ペプシン消化

① タンパク質溶液，1％ペプシン溶液，0.2 M 塩酸を別べつに 37℃ の恒温水槽中でプレインキュベーションする．

② タンパク質溶液 4 ml，1％ペプシン溶液 1 ml，0.2 M 塩酸 10 ml を三角フラスコにとり，混和する．

③ ただちに，反応液 1 ml を遠心管にとり，0.1 M 水酸化ナトリウム溶液 1 ml を加えて反応を止める（反応 0 分）．これに 10% TCA 溶液 2 ml を加えて 10 分以上放置し，除タンパクを行う．

④ 30 分後と 60 分後に，それぞれの反応液 1 ml を遠心管にとり，0.1 M 水酸化ナトリウム溶液 1 ml を加えて反応を止める（反応 30 分，60 分）．これに 10% TCA 溶液 2 ml を加えて 10 分以上放置し，除タンパクを行う．

⑤ 反応液の残りに 0.2 M 水酸化ナトリウム溶液 6 ml を加えて，酵素の作用を停止させる．

⑥ ③，④それぞれの反応液を 3000 rpm で 10 分間，遠心分離し，上清 0.4 ml について TNBS 法でアミノ基の量を測定する．

●パンクレアチン（トリプシン，キモトリプシン）消化

⑦ 1 w/v％ パンクレアチン溶液を 37℃ でプレインキュベーションする．

⑧ ⑤の試料液に⑦のパンクレアチン液 6 ml を加えて，37℃ でインキュベーションする．

⑨ ただちに，反応液 2 ml を遠心管にとり，10% TCA 溶液 2 ml を加えて 10 分以上放置し，除タンパクを行う（反応 0 分）．

⑩ 30 分後と 60 分後に，それぞれの反応液 2 ml を遠心管にとり，10% TCA 溶液 2 ml を加えて 10 分以上放置し除タンパクを行う（反応 30 分，60 分）．

⑪ ⑨，⑩それぞれの反応液を 3000 rpm で 10 分間，遠心分離し，上清 0.4 ml について TNBS 法でアミノ基の量を測定する．

● TNBS 法によるアミノ基測定

① 試料 0.4 ml を試験管にとり，0.2 M ホウ酸ナトリウム緩衝液（pH 9.4）4 ml を加える．空試験は，試料のかわりに精製水を用いる．

② 4 mM TNBS 溶液 2 ml を加え，30 分間室温で放置する．

③ 18 mM 炭酸ナトリウムを含む 2 M リン酸二水素ナトリウム溶液 2 ml を加えて，420 nm の吸光度を測定する．

【検量線】

2 mM グリシン溶液（150 μg/ml）を 5 本の試験管にそれぞれ 0，0.1，0.2，0.3，0.4 ml とり，精製水を加えて総量を 0.4 ml にする．さらに 0.2 M ホウ酸ナトリウム緩衝液（pH 9.4）4 ml を加える．以下，TNBS 法の操作②，③に従い，横軸にグリシン濃度を，縦軸に吸光度をプロットし検量線を作成する（図 17.1）．

ま と め

人工消化試験で得た測定値をグリシン検量線を用いてグリシン濃度に変換し，消化反応時間（横軸）と消化の程度（グリシン濃度）（縦軸）の関係をグラフに示す．

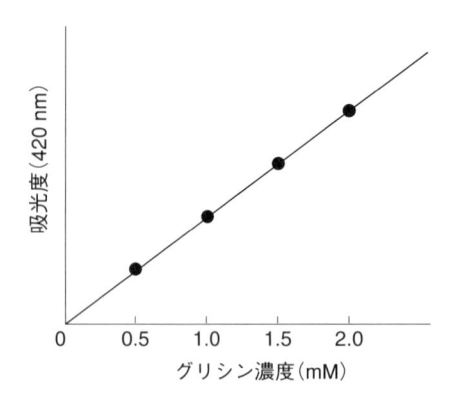

図17.1 グリシンの検量線

■ 課　題

試料として加熱したタンパク質溶液を用いて実験を行い，非加熱の場合と比較する．

＊1　ナカライテスク社のペプシン（1：10,000）．
＊2　ここでは，ナカライテスク社の製品を使用．

17.2　トリプシン阻害反応
——大豆トリプシンインヒビターの作用（80分）

大豆にはトリプシンと特異的に結合することによって，酵素作用を阻害するタンパク質性の物質（トリプシンインヒビター）が存在している．大豆抽出液（トリプシンインヒビター）の存在下でトリプシンの活性度を測定し，阻害の程度を判定する．

◆ 原　理 ◆

トリプシンの活性度は，カゼイン（基質）にトリプシンを作用させて，加水分解によって生じた水に可溶の，低分子のペプチドを遠心分離の上清として採取し，280 nm の吸光度（280 nm での吸収はチロシン，トリプトファンなどに由来する）を測定して求める[*1]．

◆ 準備するもの ◆

【器具】
① 恒温水槽　　② 遠心分離器　　③ 分光光度計

【試薬】
① 0.1 M リン酸緩衝液（pH 7.6）
② 5 w/v％トリクロロ酢酸（TCA）溶液

【試料】
① 1 w/v％トリプシン溶液：トリプシン[*2] 1 g を 0.1 M リン酸緩衝液（pH 7.6）100 ml に溶解する．
② 1 w/v％カゼイン溶液：カゼイン 1 g を 0.1 M リン酸緩衝液（pH 7.6）100 ml に懸濁させ，約15分間熱水中で加熱して完全に溶解する．
③ 大豆抽出液：大豆に20倍量（w/v）の精製水を加えて浸漬したあと，種皮のようすを見て大

豆を取り出し種皮を除く．脱皮した大豆を浸漬液に戻してミキサーにかけ，大豆を磨砕する．ミキサーの内容物をビーカーに移し，数時間攪拌したあと，3000 rpmで20分間遠心分離する．上清が濁っているときはろ過して，ろ液を大豆抽出液とする〔必要に応じて，0.1 Mリン酸緩衝液（pH 7.6）で希釈して用いる〕*3．

■ 実験操作 ■

① 2本の遠心管に0.1 Mリン酸緩衝液（pH 7.6）0.6 mlと1％トリプシン溶液0.2 mlの両者を加え，1本の遠心管にはさらに精製水0.2 ml（コントロール），また残りの1本には大豆抽出液0.2 ml（テスト）を加え，37℃の恒温水槽中で2分間プレインキュベーションする．

② 37℃でプレインキュベーションしておいた1％カゼイン溶液2 mlを加える．

③ 37℃で20分反応後，5％TCA溶液3 mlを加えて混合する（酵素反応は停止する）．

④ ①とは別に0.1 Mリン酸緩衝液（pH 7.6）0.8 ml，1％トリプシン溶液0.2 mlおよび5％TCA溶液3 mlを遠心管にとる（空試験）．

⑤ ④の遠心管に1％カゼイン溶液2 mlを加える．

⑥ 室温で30分間放置したあと，③と⑤を3000 rpmで20分間遠心分離する．

⑦ ⑥の上清（濁っているときはろ過してろ液を用いる）について，280 nmの吸光度を測定する．

■ まとめ ■

阻害率（％） =（コントロール－テスト）/（コントロール－空試験）× 100

---

*1 280 nmは紫外線域なので，紫外吸収が測定可能な分光光度計が必要である．この分光光度計がない場合は，ローリー法（実験10.2.1参照）などを用いて遊離したアミノ酸量を測定する．

*2 ナカライテスク社のトリプシン（1：250）．

*3 この操作は時間がかかるので，事前に準備しておく．時間がない場合は，市販の大豆インヒビター（STI）を用いてもよい．

III 生体成分に関する実験

18 酸性ホスファターゼ

細胞内のリソゾーム画分には，酸性でリン酸エステル化合物を加水分解する酸性ホスファターゼとよばれる酵素が存在し，細胞分画におけるマーカー酵素の一つとなっている．

ラット肝臓より酸性ホスファターゼを抽出し，これを用いて酵素反応におよぼす反応時間，酵素濃度，基質濃度の影響を調べる．

18.1 酵素の抽出（60分）

◆ 原　理 ◆

ラット肝臓を 0.05 M 塩化ナトリウム（NaCl）溶液とともにホモジナイズし，細胞を破壊，可溶化した酵素をホモジネートの遠心上清として得る[*1]．

◆ 準備するもの ◆

【器具】
① ポッター–エルベイエム型ホモジナイザー
② 高速冷却遠心分離機
③ 恒温槽

【試薬】
① 0.9 w/v % NaCl（氷冷）
② 0.05 M NaCl（氷冷）

【試料】
ラット肝臓[*2]

◆ 実験操作 ◆

① 適当量のラット肝臓（約 2 g）を，氷冷した 0.9% NaCl 溶液の中に入れ，ピンセットでつまんで振り，血液を除く．
② 肝臓の水気をろ紙でよくふきとって，氷中のビーカーの中に入れて，はさみで細かく切る．
③ 細断肝臓の 0.25 g をホモジナイザーに入れ，39倍容（9.75 ml）の氷冷 0.05 M NaCl 溶液を加えて氷冷しながら，充分に磨砕してホモジネートをつくる．
④ ホモジネート 7 ml を遠心分離管（プラスチック）に入れ，15,000 rpm，20分間，4℃ で遠心分離し，上清を集める[*3]．上清が粗酵素液である．使用時まで氷冷保存する．
⑤ 上清 0.1 ml[*4]を試料としてローリー法（実験10.2.1）により上清のタンパク質濃度を測定する．

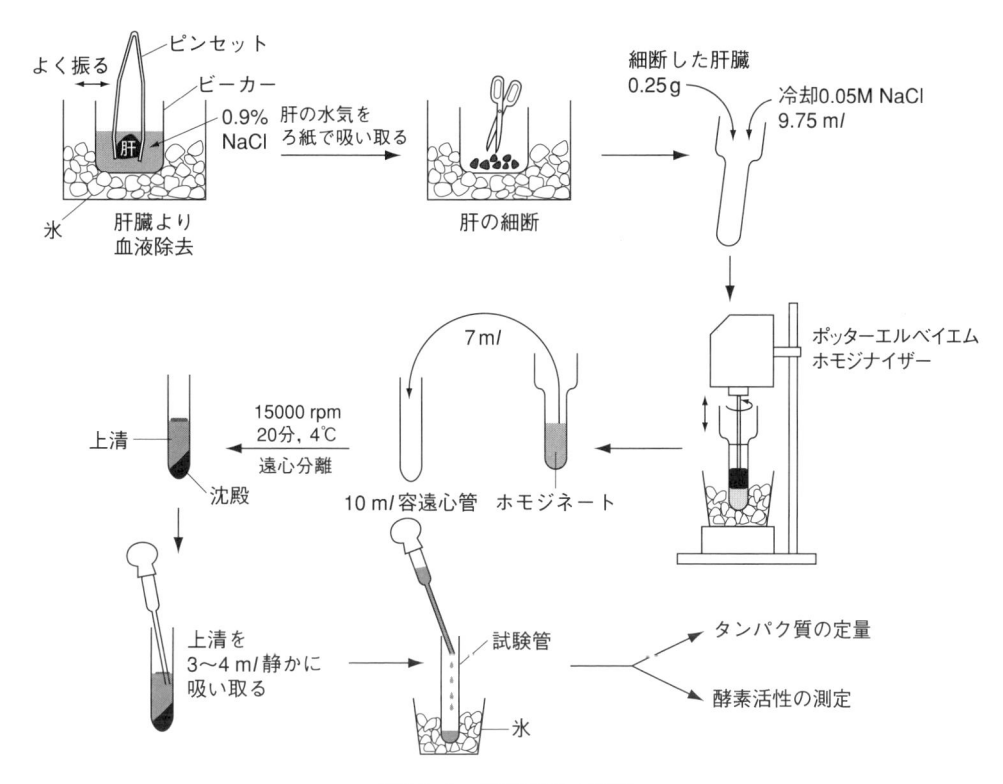

図18.1 粗酵素液の調製

■ まとめ ■

粗酵素液のタンパク質濃度を求める．

---

*1 細胞分画により得たリソゾーム画分を磨砕抽出してもよい．
*2 一夜絶食させたラットより肝臓を摘出し，冷凍保存しておいたものを用いる．
*3 上清の表面に白色の脂肪層が浮いているので，それを吸い込まないようにパスツールピペットを用いて上清層の中程より3～4 ml静かに吸い上げる．
*4 10倍希釈して試料とするのがよい．

18.2 酵素反応（120分）

■ 原 理 ■

酸性ホスファターゼにより合成基質のp-ニトロフェニルリン酸が加水分解されると，p-ニトロフェノールとリン酸が生じる[*1]．生成物であるp-ニトロフェノールはアルカリ溶液中で400 nm近辺に吸収極大を有するので，これを利用して酵素活性を測定する．

■ 準備するもの ■

【器具】
① 分光光度計　② 恒温槽

【試薬】
① 0.2 M 酢酸緩衝液（pH 4.8）　② 0.05 N 水酸化ナトリウム（NaOH）

③ 0.5 mM（0.5 μmol/ml）p-ニトロフェノール水溶液
④ 0.1 M p-ニトロフェニルリン酸水溶液
⑤ 10 mM p-ニトロフェニルリン酸水溶液

【試料】
実験18.1で得られた粗酵素液

実験操作

（1）p-ニトロフェノール標準曲線の作成
① 試験管を6本用意し，下記に従って試薬を混合する．
② 410 nmでの吸光度を測定する．
③ 縦軸に吸光度，横軸にp-ニトロフェノール濃度をとり，標準曲線を描く．

p-ニトロフェノール濃度（μmol/ml）	0	0.05	0.1	0.15	0.2	0.25
0.2 M 酢酸緩衝液（pH 4.8）（ml）	0.4	0.4	0.4	0.4	0.4	0.4
H_2O（ml）	0.6	0.5	0.4	0.3	0.2	0.1
0.5 mM p-ニトロフェノール水溶液（ml）	0	0.1	0.2	0.3	0.4	0.5
0.05 N NaOH（ml）	5	5	5	5	5	5
	410 nmでの吸光度を測定					

（2）反応時間の影響
① 試験管を7本用意し，下記に従って酵素反応を行う．
② 反応時間5〜30分のものは，反応時間の長いものから反応を開始する（酵素反応は0.1 M p-ニトロフェニルリン酸溶液の添加によって開始し，0.05 N NaOHの添加によって停止する）．
③ 反応時間0分は空試験に相当する．したがって，0.1 M p-ニトロフェニルリン酸溶液と0.05 N NaOHの添加順序を入れ替えて，酵素反応が起こらないようにしておく．
④ 実験（1）での標準曲線を用いて，吸光度をp-ニトロフェノール濃度（μmol/ml）に変換する．

反応時間（min）	0	5	10	15	20	25	30
酢酸緩衝液（pH 4.8）（ml）	0.4	0.4	0.4	0.4	0.4	0.4	0.4
H_2O（ml）	0.4	0.4	0.4	0.4	0.4	0.4	0.4
粗酵素液（ml）	0.1	0.1	0.1	0.1	0.1	0.1	0.1
	37℃の恒温槽に入れる						
0.05 N NaOH（ml）	5	−	−	−	−	−	−
0.1 M p-ニトロフェニルリン酸溶液（ml）	0.1	0.1	0.1	0.1	0.1	0.1	0.1
	37℃でそれぞれ 5, 10, 15, 20, 25, 30分反応						
0.05 N NaOH（ml）	−	5	5	5	5	5	5
	410 nmでの吸光度を測定						

（3）酵素濃度の影響

① 試験管を8本用意し，下記に従って酵素反応を行う．
② 酵素反応は 0.1 M p-ニトロフェニルリン酸溶液の添加によって開始し，0.05 N NaOH の添加によって停止する．
③ 空試験は，0.1 M p-ニトロフェニルリン酸溶液と 0.05 N NaOH の添加順序を入れ替えて，酵素反応が起こらないようにしておく．
④ 主検の吸光度から空試験の吸光度を差し引いた値を実験（1）での標準曲線を用いて p-ニトロフェノール濃度（μmol/ml）に変換する．
⑤ 反応速度 v の単位は，μmol/ml/min，すなわち酵素反応時間1分間当たりの生成物（p-ニトロフェノール）濃度とする．

	主検			
酵素濃度（ml/ml）	0.05	0.10	0.15	0.20
酢酸緩衝液（pH 4.8）（ml）	0.4	0.4	0.4	0.4
粗酵素液（ml）	0.05	0.10	0.15	0.20
H$_2$O	0.45	0.40	0.35	0.30
37℃の恒温槽に入れる				
0.1 M p-ニトロフェニルリン酸溶液（ml）	0.1	0.1	0.1	0.1
37℃でそれぞれ正確に10分反応				
0.05 N NaOH（ml）	5	5	5	5
410 nm での吸光度を測定				

	空試験			
酵素濃度（ml/ml）	0.05	0.10	0.15	0.20
酢酸緩衝液（pH 4.8）（ml）	0.4	0.4	0.4	0.4
粗酵素液（ml）	0.05	0.10	0.15	0.20
H$_2$O	0.45	0.40	0.35	0.30
37℃の恒温槽に入れる				
0.05 N NaOH（ml）	5	5	5	5
0.1 M p-ニトロフェニルリン酸溶液（ml）	0.1	0.1	0.1	0.1
410 nm での吸光度を測定				

（4）基質濃度の影響，K_m，V_{max} の算出

① 試験管を10本用意し，下記に従って酵素反応を行う．
② 酵素反応は粗酵素液の添加によって開始する．
③ 空試験は，粗酵素液添加の前に 0.05 N NaOH を加え，酵素反応が起こらないようにしておく．
④ 主検の吸光度から空試験の吸光度を差し引いた値を実験（1）での標準曲線を用いて p-ニトロフェノール濃度（μmol/ml）に変換する．
⑤ 反応速度 v の単位は，μmol/ml/min，すなわち酵素反応時間1分間あたりの生成物（p-ニトロフェノール）濃度とする．

III 生体成分に関する実験

	主検				
基質濃度（mM）	0.2	0.5	1.0	2.0	4.0
酢酸緩衝液（pH 4.8）（ml）	0.4	0.4	0.4	0.4	0.4
10 mM p-ニトロフェニルリン酸（ml）	0.02	0.05	0.1	0.2	0.4
H_2O	0.48	0.45	0.40	0.30	0.10
	37℃の恒温槽に入れる				
粗酵素液（ml）	0.1	0.1	0.1	0.1	0.1
	37℃でそれぞれ正確に10分反応				
0.05 N NaOH（ml）	5	5	5	5	5
	410 nm での吸光度を測定				

	空試験				
基質濃度（mM）	0.2	0.5	1.0	2.0	4.0
酢酸緩衝液（pH 4.8）（ml）	0.4	0.4	0.4	0.4	0.4
10 mM p-ニトロフェニルリン酸（ml）	0.02	0.05	0.10	0.20	0.40
H_2O	0.48	0.45	0.40	0.30	0.10
0.05 N NaOH（ml）	5	5	5	5	5
粗酵素液（ml）	0.1	0.1	0.1	0.1	0.1
	410 nm での吸光度を測定				

まとめ

① 実験（2）の結果より，粗酵素液 1 ml の酵素活性を酵素単位，unit (U)[*2]で表す．
② 粗酵素液の比活性[*3]を U/mg タンパク質で表す．
③ 実験（2）の結果を，縦軸に p-ニトロフェノール濃度（μmol/ml），横軸に酵素反応時間をとってプロットし，酵素反応時間と反応生成物濃度との関係を考察する（図18.2 a）．
④ 実験（3）の結果を，縦軸に反応速度 v（μmol/ml/min），横軸に酵素濃度（ml/ml）をとってプロットし，酵素濃度と反応速度との関係を考察する（図18.2 b）．
⑤ 実験（4）の結果を，縦軸に反応速度 v（μmol/ml/min），横軸に基質濃度（mM）をとってプロットし，基質濃度と反応速度との関係を考察する（図18.2 c）．
⑥ 実験（4）の結果を，縦軸に反応速度の逆数 $1/v$，横軸に基質濃度（M）の逆数 $1/[S]$ をとってプロット（ラインウィーバー・バークのプロット）し，直線を引き，それぞれ x 軸と y 軸との交点から K_m と V_{max} を求める（図18.2 d）．

(a) 反応時間と生成物濃度との関係

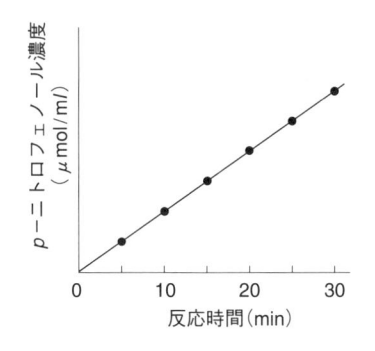

(b) 酵素濃度と反応速度との関係

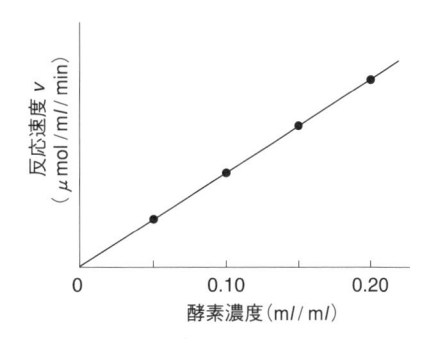

(c) 基質濃度と反応速度との関係

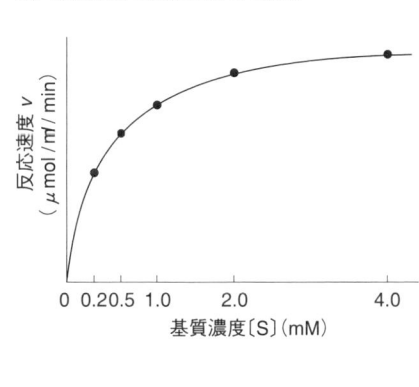

(d) ラインウィーバー・バークのプロット

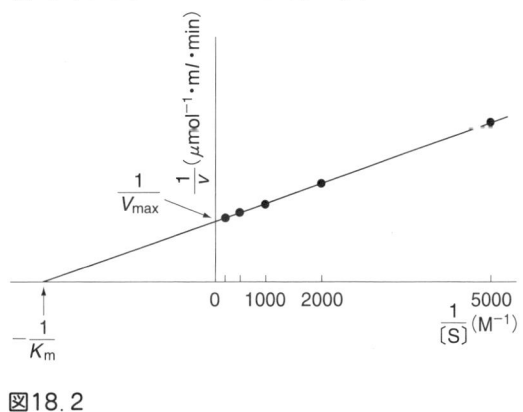

図18.2

■ 課　題

$E + S \rightleftarrows ES \rightarrow E + P$ の酵素反応モデルから反応速度式（ミカエリス-メンテンの式）を導き，実験結果と一致することを説明する．

---

*1　図18.3

図18.3　p-ニトロフェニルリン酸 + H_2O → （酸性ホスファターゼ）→ p-ニトロフェノール + リン酸

*2　1Uは，1分間に1 μmol（または1 μmol/ml）の基質の変化（または生成物の産生）を触媒する活性．
*3　酵素タンパク質1mgあたりの酵素活性（酵素単位）を意味する．

III 生体成分に関する実験

19 細胞分画とマーカー酵素活性

すべての生物は基本単位となる細胞から構成され，細胞の中では数多くの代謝反応が行われている．細胞の特徴は，核以外に生体膜で囲まれた細胞小器官という小さな構造や装置を多くもっていることである．動物細胞内にはミトコンドリア，小胞体（ミクロソーム），ゴルジ装置，リソソーム，ペルオキシソームなどがある（図19.1）．細胞分画とは核および細胞小器官を分離する方法で，分離の主要な手段として遠心分離機および超遠心分離機が使用される．

ここでは，ラットまたは牛の肝臓を材料として，細胞小器官を傷つけないように細胞を破壊し，遠心分離法で細胞小器官を分離し，それぞれの細胞小器官の性質を調べる．

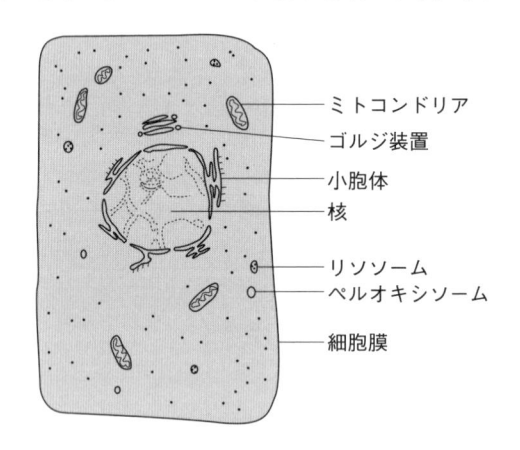

図19.1 動物細胞

19.1 細胞分画（100分）

◆ 原 理 ◆

ラット肝臓（または牛肝臓）にショ糖を含む緩衝液を加えてホモジナイズする．ホモジネートから，細胞小器官の遠心力による沈降速度の差を利用して細胞小器官別に分離する（分画）．沈降する順は，核，ミトコンドリア，ミクロソームとなる．リソソーム，ペルオキシソームを分離する場合にはミトコンドリア画分をさらにショ糖密度勾配遠心分離で分画する．ゴルジ装置を分離する場合にはミクロソーム画分をさらにショ糖密度勾配遠心分離で分画する．

◆ 準備するもの ◆

【器具】
① ポッター-エルベイエム型ホモジナイザー[*1]
② 冷却遠心分離機と遠心管

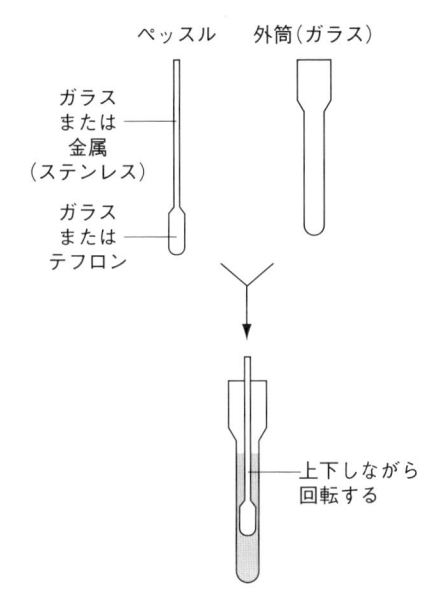

図19.2 ホモジナイザー

③ ビーカー，メスシリンダー，ガーゼ

【試薬】
① 0.9% 塩化ナトリウム（NaCl）溶液
② 0.25 M ショ糖を含む 0.02 M リン酸緩衝液（pH 7.0）
③ 1 M 水酸化ナトリウム（NaOH）

【試料】
ラット肝臓または牛肝臓（できるだけ新鮮なもの）

実験操作

① 氷冷した 0.9% NaCl 溶液中で肝臓に付着した血液を除く．
② 肝臓の水分をろ紙でふき取ったあと，約 2 g を秤量し，氷冷したビーカー内で，はさみで小さく切る．
③ 氷冷したガラスホモジナイザー内に細断肝臓 1 g と氷冷した 9 倍量の 0.25 M ショ糖を含む 0.02 M リン酸緩衝液（pH 7.0）（9 ml）を入れ，氷冷した状態で肝臓をホモジナイズする（テフロン製のペッスルを用いる場合，1000 rpm で 1 ストロークかけてゆっくり肝臓をすりつぶし，さらに 4 ストロークする）（図19.2）．
④ 得られたホモジネートをガーゼでろ過したあと，ろ液の 7 ml を遠心管に入れ，図19.3に示す順に遠心分離し，各粗画分[*2]を以下のように調製する．
⑤ まず，ホモジネートを 900 g[*3]，10分間，4℃で遠心分離する．
⑥ 遠心分離後，上清を別の遠心管に採取する．沈殿は粗核画分で核および少量の未破壊細胞断片を含む．粗核画分は使用時まで冷蔵する．
⑦ 上清を，7000 g[*3]，10分間，4℃で遠心分離する．
⑧ 遠心分離後，上清を別の遠心管に採取する．沈殿は粗ミトコンドリア画分でミトコンドリアおよびリソソームとペルオキシソームを含む．粗ミトコンドリア画分は使用時まで冷蔵する．

上清にはミクロソーム[*4]と細胞質成分が含まれる．

⑨ 各粗画分は目的に合った緩衝液を加えてホモジナイズし，性質を調べる．粗核画分については DNA 量を測定（「13　DNA の調節と観察，および定量実験」）することができる．粗ミトコンドリア画分については次に示す TCA サイクルの代謝酵素活性を測定することができる．

⑩ 各粗画分のタンパク質はローリー法（実験10.2.1）で定量する．すなわち，各粗画分をホモジナイズし，一定の液量にしたあと，その 0.5 ml に 4.5 ml の 1 M NaOH を加えて溶解し，さらに適当に希釈した液についてタンパク質を定量する．

細胞分画の方法

肝臓 1 g（細断）
　├── 氷冷した 0.25 M ショ糖含む 0.02 M リン酸緩衝液 (pH7.0) 9 ml を加えホモジナイズする．
　│　　（1000 rpm，5 ストローク，氷冷しながら操作）
ホモジネート
　├── ガーゼでろ過する（未破壊物を除くため）．
ろ液
　├── ろ液 7 ml を遠心管に入れ，900 g，10 分間 4℃ で遠心分離．
　├─ 沈殿（粗核画分）
　└─ 上清
　　　├── 遠心管に入れ，7,000 g，10 分間 4℃ で遠心分離．
　　　├─ 沈殿（粗ミトコンドリア画分）
　　　└─ 上清
　　　　　├── 遠心管に入れ，105,000 g，60 分間 4℃ で遠心分離．
　　　　　├─ 沈殿（粗ミクロソーム画分）
　　　　　└─ 上清（細胞質）

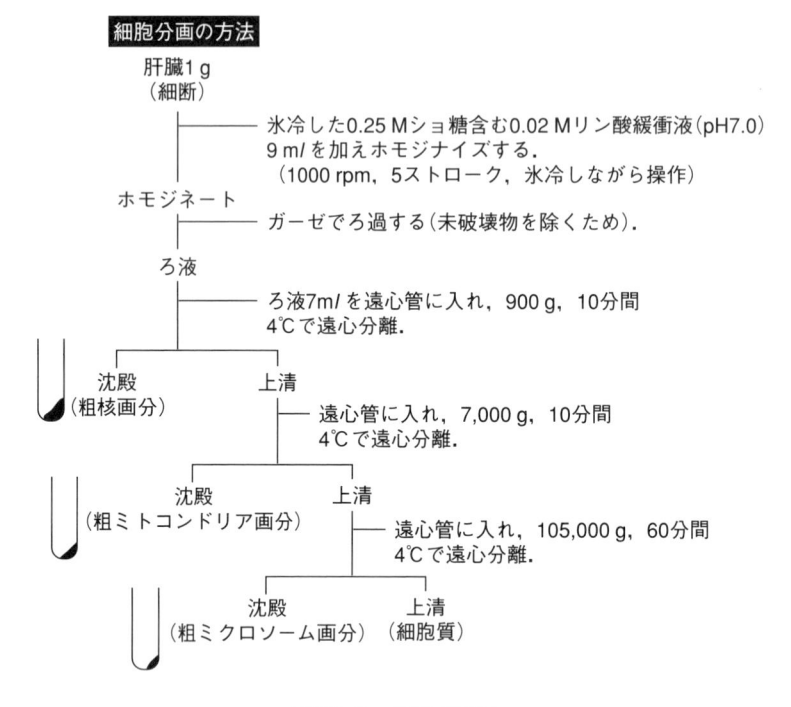

図19.3　細胞分画法

まとめ

タンパク質量から，1 g 肝臓組織あたり各粗画分のタンパク質量やタンパク質 % を計算する．

課題

① 肝臓は細胞分画しやすい組織である．その理由を考察する．
② 遠心力の差で細胞分画ができるのはなぜか．またショ糖は何のために用いるのかを考える．
③ 各粗画分について，次に示すコハク酸デヒドロゲナーゼ活性を測定し，各粗画分での酵素比活性，酵素活性の % を求める．

*1 電動式ホモジナイザーを使用すると短時間でホモジナイズできる．
*2 粗画分とは純粋の成分ではなく不純物を含んでいることを意味する．
*3 遠心力と遠心分離機の回転数・遠心半径（ローターの中心から遠心管までの距離）の関係は次のようになる．
　　　$F = \omega^2 x = 1.097 \times n^2 x \times 10^{-5} g$
　　　F：遠心力（g cm/sec^2）　　ω：回転角速度 $= 2\pi n/60$
　　　n：1分の回転数（rpm）　　x：中心からの距離（cm）
*4 ミクロソームとは小胞体のことで，ホモジナイズ後の名称である．

19.2 ミトコンドリアのマーカー酵素活性
——コハク酸デヒドロゲナーゼ活性の測定（50分）

■ 原　理 ■

細胞小器官には特定の酵素が分布しているので，これらはそれぞれの細胞小器官のマーカー酵素とされている（表19.1）．分画したミトコンドリアの中に含まれる TCA サイクルの酵素活性を調べる．すなわち，ミトコンドリアのマーカー（標識）となるコハク酸デヒドロゲナーゼ活性の有無によって，ミトコンドリアの分離と回収の状態を判定する．

次式のように赤血塩 $K_3[Fe(CN)_6]$ を電子受容体として酵素活性を測定する．

コハク酸 + $K_3[Fe(CN)_6]$ → フマル酸 + $K_4[Fe(CN)_6]$

表19.1　細胞画分のマーカー酵素

画　分	マーカー酵素
核	DNA ポリメラーゼ
ミトコンドリア	チトクロームオキシダーゼ コハク酸-チトクローム c レダクターゼ
リソソーム	酸性ホスファターゼ
ペルオキシソーム	カタラーゼ
ゴルジ装置	N-アセチルグルコサミンガラクトシルトランスフェラーゼ
ミクロソーム	グルコース-6-ホスファターゼ
細胞質（サイトソール）	乳酸デヒドロゲナーゼ アルコールデヒドロゲナーゼ

■ 準備するもの ■

【器具】
① 分光光度計とセル
② インキュベーター（恒温槽）
③ 試験管，ピペット

III 生体成分に関する実験

【試薬】
① 0.3 M リン酸緩衝液（pH 7.6）
② 30 mM EDTA
③ 0.4 M コハク酸ナトリウム
④ 3％ウシ血清アルブミン
⑤ 10 mM フェリシアン化カリウム（ヘキサシアノ鉄（III）酸カリウム）〔$K_3[Fe(CN)_6]$〕

【試料】
粗ミトコンドリア画分（実験19.1で得られたもの）

実 験 操 作

① 粗ミトコンドリア画分に0.3 M リン酸緩衝液（pH 7.6）2 mlを加えホモジナイズし，酵素液とする（便宜上，粗ミトコンドリア画分の液量を2 mlとする）．
② 試験管を2本用意し，1本の試験管に0.3 M リン酸緩衝液（pH 7.6）1 ml，30 mM EDTA 0.1 ml，0.4 M コハク酸 0.3 ml，3％ウシ血清アルブミン 0.1 ml，10 mM $K_3[Fe(CN)_6]$ 0.5 mlをとり，25℃でインキュベートしておく．
③ 別の試験管には対照として，0.4 M コハク酸のかわりに精製水を用いる以外すべて同じものを入れ，上と同様にインキュベートしておく．
④ 酵素液0.5 mlを加えて，反応を開始し，すばやくセルに移し替える．
⑤ 反応開始から10分間の455 nmの吸光度変化を1分ごとに記録する．5分間の吸光度変化から酵素活性を求める．ただし，直線的に吸光度が変化する範囲で求めること（反応は酵素液を加えた段階で始まっているので，酵素を加えてからセルにすばやく移しかえて測定するか，セルごとインキュベーターに入れてもよい）．

ま と め

ラット肝臓1gより得られた粗ミトコンドリア画分当たりの1分間の酵素活性をμmolで計算して表示する．酵素活性を正式に表示する場合は一般にμmol/minで表され，比活性はタンパク質1 mg当たりの酵素活性として表される．

【計算】
$K_3[Fe(CN)_6]$の分子吸光係数 $\varepsilon = 150 \ M^{-1} cm^{-1}$
  （1 cmのセル使用時 1 M $K_3[Fe(CN)_6]$の吸光度が150となる）

酵素活性（μmol/min）
  = （反応液の5分間の吸光度変化 − 対照の5分間の吸光度変化）/150
    × 2.5/1000 × 1/5 × 10^6

比活性 = 酵素活性 ÷ 酵素タンパク質量（mg）

肝臓1g当たりの粗ミトコンドリア画分に存在する酵素活性
  = 酵素活性（μmol/min）× 2/0.5 × 10/7

■ 課　題

① ミトコンドリア内ではコハク酸デヒドロゲナーゼの働きにより，FAD が $FADH_2$ に還元される．この実験では $K_3[Fe(CN)_6]$ の何が還元されたのかを考える．
② 酵素反応で EDTA とウシ血清アルブミンを加える理由を考察する．

20 ヘマトクリットとヘモグロビン濃度

III 生体成分に関する実験

血液は，タンパク質を含む電解質溶液であり，赤血球などの細胞成分を浮遊させている液体でもある．血液に抗凝血剤[*1]を加えて遠心分離すると，次のように分離する．
- 上清（液体成分）…血漿（アルブミン，グロブリン，グルコース，リポタンパク質，脂肪酸，フィブリノーゲン，無機質など）
- 沈殿（固形成分）…赤血球，白血球，血小板

血液の細胞成分で最も多いのは赤血球であり，血液中で赤血球の占める割合〔容積比率（％）〕をヘマトクリットという．血液の一般的な性質は赤血球と血漿によって決まる．

血清とは血液を放置して血液凝固反応を生じたあとの上清であり，フィブリノーゲンを含まない血漿に相当する．血液の血漿成分と細胞成分を表20.1に示す．

ここではヘマトクリットと赤血球のヘモグロビン濃度を調べる．

表20.1 血液の血漿成分と細胞成分

血漿（55％）	水分（91％）	
	電解質（0.9％）	Na^+，K^+，Ca^{2+}，Mg^{2+}，Cl^-，HCO_3^-
	糖質（0.1％）	グルコース
	脂質（0.8％）	脂肪酸，中性脂肪（トリグリセリド），コレステロール，リン脂質
	タンパク質（7％）	アルブミン，グロブリン，フィブリノーゲン
血球（45％）	赤血球	
	白血球	
	血小板	

20.1 ヘマトクリット（30分）

原理

ヘマトクリットの値は採血部位によって変動する．ヘマトクリットの低下は，赤血球数の減少または血液の希釈を意味する．ヘマトクリットの上昇は，赤血球数の増加または血液の濃縮（水分脱失）を意味する．測定方法には遠心法と赤血球自動分析装置による方法がある．

ここでは，毛細管を用いた高速遠心法によってラット血液のヘマトクリットを求める．

準備するもの

【器具】
① ヘマトクリット用遠心機[*2]
② 毛細管[*3]（内径1.1 mm程度）とパテ（毛細管の端を閉じるため）

【試料】
ラット血液（抗凝血剤を加えたもの）

実験操作

① 毛細管を血液中に浸し，毛細管現象によって管の2/3程度まで血液を吸い上げる．
② 毛細管の先端を指で押さえ，血液が出ないようにして毛細管の下端をパテに垂直に突き刺し，端を閉じる．
③ 閉じた端を遠心機の外側になるように設置し，12,000 rpm（15,000 g）で5分間遠心分離する．
④ 全液層高と赤血球層高を測定する．

まとめ

ヘマトクリットを計算し，表20.2の赤血球容積比率を見て，ヒトとラットの違いを比べてみる．

【計算】

ヘマトクリット値（%）＝ 赤血球層高/全液層高 × 100

表20.2　赤血球容積比率

	日本人平均値
男性	39.8〜51.8%
女性	33.4〜44.9%

上記の値と比べて，数値が低い場合は貧血，高い場合は真性多血症が考えられる．

課題

ヘマトクリット値を求めるときに，白血球の存在を無視するのはなぜかを考える．

---

*1　ヘマトクリット用抗凝血剤として二重シュウ酸塩溶液またはヘパリンを用いる．シュウ酸カリウム溶液はヘマトクリット測定用には不適である．
*2　20本または30本までの毛細管が一度に遠心分離できる．
*3　ヘマトクリット用毛細管は折れやすいので取り扱いに注意する．

20.2　ヘモグロビン濃度（40分）

ヘモグロビンは赤血球に含まれるタンパク質で酸素運搬機能をもち，その血中濃度の低下は貧血の重要な指標である．ヘモグロビンは色素タンパク質で，鉄を含むヘム色素がグロビンに結合している．ヘモグロビンは四量体で2本のα鎖と2本のβ鎖からなり，それぞれのサブユニットに1個のヘムが結合している．

III 生体成分に関する実験

■ 原 理 ■

ヘモグロビンをフェリシアン化カリウム（ヘキサシアノ鉄（III）酸カリウム）で酸化してメトヘモグロビンとし，さらにこれをシアンで処理すると，ヘモグロビン中の鉄はシアンと結合して3価のシアンメトヘモグロビンとなる．これはアルカリ性で540 nmに極大吸収を示すので，比色定量できる（シアンメトヘモグロビン法）．

■ 準備するもの ■

【器具】
① 分光光度計とセル
② 試験管

【試薬】[*1]
① 希釈液：フェリシアン化カリウム〔$K_3[Fe(CN)_6]$〕0.2 g，シアン化カリウム（KCN 0.05 g，$NaHCO_3$ 1.0 gを精製水に溶解して1 l にしたもの）．
② ヘモグロビン標準液[*2]：100 ml 中にシアンメトヘモグロビン18 gを溶解したもの．

【試料】
新鮮なラット血液

■ 実験操作 ■

① 2本の試験管にそれぞれ希釈液5 ml を入れる．
② 1本には，血液20 μl を入れ混合する．もう1本は空試験として，精製水20 μl を加える．
③ 室温で5分放置後，空試験を対照として540 nmにおける吸光度を測定する．検量線からヘモグロビン濃度を求める．

【検量線】

試験管5本にヘモグロビン標準液0.5，1.0，1.5，2.0，2.5 ml をとり，希釈液をそれぞれ2.5，1.0，0.5，0.5，0.5 ml 加える．それぞれ，ヘモグロビン濃度が3，6，9，12，15 g/100 ml の希釈標準液が得られる．これらとヘモグロビン標準液の原液より20 μl を分取し，それぞれ6本の試験管に加え，さらに希釈液5 ml を加えて攪拌する．以下，操作③に従い，横軸にヘモグロビンの濃度を，縦軸に吸光度をプロットし検量線を作成する（図20.1）．

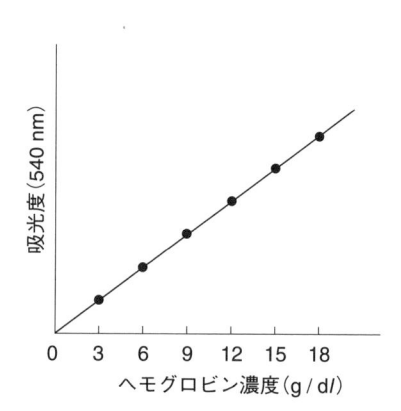

図20.1 ヘモグロビンの検量線

まとめ

鉄欠乏のような栄養状態の悪いラットの血液ではヘモグロビン濃度が低くなる．ヘモグロビン濃度の値から鉄摂取状態を推定してみる．

課題

ヘモグロビンの分子量と鉄の原子量から，ヘモグロビンに含まれる鉄の重量パーセントを求める．

---

*1 和光純薬からヘモグロビンテストキットが販売されている．
*2 和光純薬の血色素定量用ヘモグロビン標準液がある．

Ⅲ 生体成分に関する実験

21 血清タンパク質の電気泳動とアルブミン/グロブリン（A/G）比

タンパク質は両性電解質のため等電点があり，等電点よりも酸性側のpHでは正の電荷をもち，アルカリ性側のpHでは負の電荷をもつ．したがって，タンパク質を電場に置くとその電荷に応じて移動する．たとえば，タンパク質を負の電荷をもつとして電場をかけると，タンパク質は陽極に移動する．この現象を電気泳動といい，この電荷の違いによりタンパク質を分離する方法を電気泳動法という．電気泳動における緩衝液の支持体としては，ろ紙，セルロースアセテート膜，寒天ゲル，デンプンゲル，ポリアクリルアミドゲルなどが用いられているが，臨床検査では分離がよく少量の血清で実施できるセルロースアセテート膜を使用することが多い．

21.1 血清タンパク質のセルロースアセテート膜電気泳動（90分）

■ 原 理

ベロナール緩衝液に浸したセルロースアセテート膜に血清を塗布し通電すると，血清中のタンパク質成分が，電荷の違いに応じて移動し，分離する．

■ 準備するもの

【器具】
① 定電流装置：最大容量 50 mA，300～500 V 程度
② 泳動装置：泳動槽（図21.1）
③ パット，指圧ピペット，ピンセット，スポイト
④ セルロースアセテート膜[*1]
⑤ ろ紙（ブリッジ）

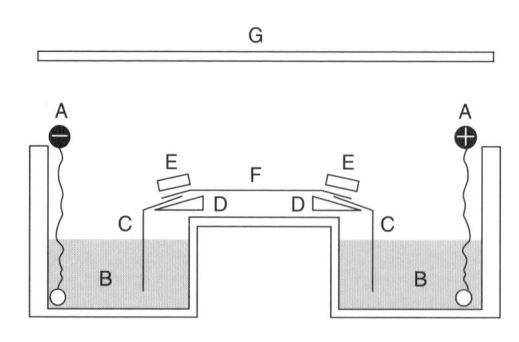

図21.1 電気泳動槽の断面図
A：白金電極，B：緩衝液，C：ろ紙（ブリッジ），D：支持板，E：押さえ板，F：セルロースアセテート膜，G：蓋

【試薬】

① 緩衝液：ベロナール1.66gとベロナールナトリウム12.76gを精製水に溶かし，全容を1000 mlにする（pH 8.6, 0.07 M）．
② 染色液：ポンソー3R 0.8gとトリクロロ酢酸6gを精製水に溶かし，全容を100 mlにする．
③ 脱染色液：1％酢酸水溶液．

【試料】

ラット血清

■ 実 験 操 作 ■

① 緩衝液を電気泳動槽の両液槽に100 mlずつ入れ，さらにセルロースアセテート膜の前処理用パットにも入れる．
② ろ紙（ブリッジ）を緩衝液でぬらし，支持板から緩衝液中へたらす．押さえ板を用いてろ紙と支持板間の空気を追い出す．
③ 使用する大きさに切ったセルロースアセテート膜の8：2の位置に鉛筆でかるく線を引いたあと，ピンセットを用いてセルロースアセテート膜をパット内の緩衝液に浸す．
④ セルロースアセテート膜を新しい乾燥したろ紙にはさみ，軽く押さえ余分な液を除く．
⑤ セルロースアセテート膜が完全に乾いてしまわないうちに，支持板上にろ紙（ブリッジ）と5 mm程度重ねて乗せる．
⑥ 血清を吸い上げた指圧ピペットを垂直に立て，先端を軽くセルロースアセテート膜面に当て，幅1 cm当たりラット血清0.8 μlを直線的に塗布する．複数の試料を塗布するときは，3 mm程度の間隔をあける（図21.2）．
⑦ 押さえ板を静かに置き，蓋をのせたあと，セルロースアセテート膜幅1 cm当たり0.4～0.8 mAの定電流を30～50分間通電する．
⑧ 泳動像の全展開距離が約3.5～4 cmになったら通電をやめる．このとき，ブロムフェノールブルー（BPB）を指示薬とすると，通電しすぎを防ぐことができる．
⑨ 通電が終わったらただちに染色液に入れ，3分間染色する．
⑩ 次に脱色液に移し，2分間ずつ，4～5回新しい脱色液と取り替えながら液が着色しなくなるまで脱色する．
⑪ 脱色が終わったセルロースアセテート膜は，新しいろ紙にはさみ軽く押さえて余分な水分を除いたあと，自然乾燥させる．

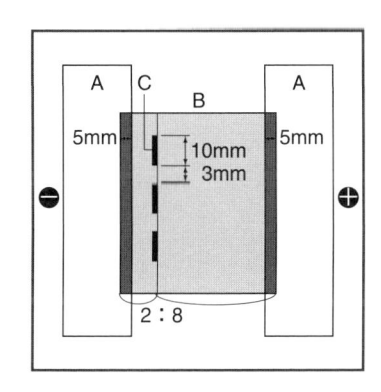

図21.2 試料の塗布
A：ろ紙（ブリッジ），B：セルロースアセテート膜，C：ラット血清

III 生体成分に関する実験

■ まとめ ■

　血清中にはさまざまなタンパク質が含まれる．ヒト正常血清タンパク質[*2]のセルロースアセテート膜電気泳動では大きく5種類に分画され，陽極側よりアルブミン，α_1-，α_2-，β-，およびγ-グロブリンと命名されている．この実験では，ラット血清を用いてセルロースアセテート膜電気泳動によりタンパク質成分を分離し，得られた電気泳動像を観察する．

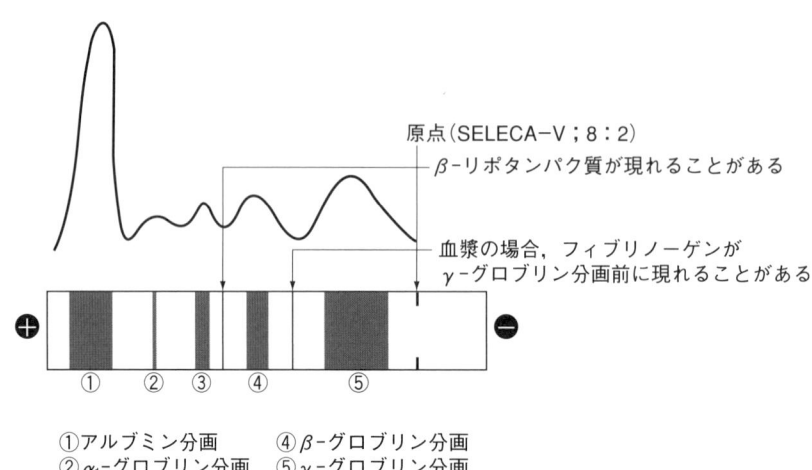

原点（SELECA-V；8：2）
β-リポタンパク質が現れることがある

血漿の場合，フィブリノーゲンがγ-グロブリン分画前に現れることがある

① アルブミン分画　　　④ β-グロブリン分画
② α_1-グロブリン分画　⑤ γ-グロブリン分画
③ α_2-グロブリン分画

図21.3　ヒト正常血清タンパク質の電気泳動図

---

* 1　ADVANTEC SELECA-V.
* 2　アルブミンおよびα-，β-，γ-グロブリンの等電点は，それぞれ4.6，5.0，5.1，6.8〜7.3である．

21.2　アルブミン/グロブリン（A/G）比の測定

21.2.1　セルロースアセテート膜電気泳動によるA/G比（30分）

■ 原　理 ■

　血清タンパク質のセルロースアセテート膜電気泳動により得られたタンパク質成分を定量し，アルブミン/グロブリン（A/G）比を求める．

■ 準備するもの ■

【器具】
① デンシトメーター
② 分光光度計，試験管

【試薬】
① 透明化剤：デカリン
② 0.01 N 水酸化ナトリウム（NaOH）

■ 実 験 操 作 ■

（1）デンシトメーターによる定量

① 血清タンパク質のセルロースアセテート膜電気泳動を実施する（実験21.1の実験操作①〜⑪）．

② 乾燥させたセルロースアセテート膜をデカリンに浸し透明化する．

③ デンシトメーターを波長525 nm，スリット幅0.5×3 mmにセットし，セルロースアセテート膜の着色バンドの中央部で定量分析を行う．

④ アルブミン吸光度とグロブリン吸光度の比を求める．

（2）デンシトメーターがない場合

① 血清タンパク質のセルロースアセテート膜電気泳動を実施する（実験21.1の実験操作①〜⑪）．

② 染色部を適当にアルブミン部分とグロブリン部分に分けて切り取り，それぞれを0.01 N NaOH溶液3 mlの入った試験管の中に入れ，ポンソー染色を抽出する．空試験として，非染色部の適当な部分を切り取り，0.01 N NaOH溶液3 mlの入った試験管の中に入れ，抽出する．

③ 空試験を対照にアルブミン部分とグロブリン部分の抽出液の吸光度を525 nmで測定し，アルブミン吸光度とグロブリン吸光度の比を求める．

■ ま と め ■

アルブミンは肝臓で合成され血清中に放出されるが，肝臓の疾患などにより血清中のアルブミン量は減少する．アルブミンの減少は，グロブリンの増加と平行して起こることが多いので，A/G比の変化は疾病の指標となる．ヒトのA/G比（セルロースアセテート膜電気泳動法）の正常値は1.6〜2.5である．これをラットの場合と比較する．

21.2.2 血清タンパク質の溶解性を利用するA/G比（60分）

■ 原 理 ■

血清タンパク質の溶解性を利用して，アルブミン画分とグロブリン画分に分離し，タンパク質量を測定する．

■ 準備するもの ■

【器具】

① 試験管，マイクロチューブ（1.5 ml）

② 分光光度計，高速遠心分離器

【試薬】

① 飽和硫酸アンモニウム溶液（実験11.1.1参照）

② 50％飽和硫酸アンモニウム溶液：飽和硫酸アンモニウム溶液と等容量の精製水を混合する．

③ 2％塩化ナトリウム（NaCl）溶液

④ ローリー法によるタンパク質定量試薬（実験10.2.1参照）

実験操作

① 血清0.3 mlをマイクロチューブに入れる．
② 飽和硫酸アンモニウム溶液を0.3 ml加えて混合する（50％飽和状態）．
③ 10,000 rpm，25℃で15分間，遠心分離する．
④ 上清を除去し，沈殿を得る（上清はアルブミン画分）．
⑤ 沈殿に50％飽和硫酸アンモニウム溶液1 mlを加えて撹拌懸濁する．
⑥ 10,000 rpm，25℃で15分間，遠心分離する．
⑦ 上清を除去し，沈殿を得る（沈殿はグロブリン画分）．
⑧ 沈殿を2％NaCl溶液に溶解したのち，100 mlに定容する（グロブリン溶液）．
⑨ 血清を2％NaCl溶液で1000倍に希釈した液とグロブリン溶液のそれぞれ0.5 mlについてローリー法（実験10.2.1参照）によりタンパク質量を求める．
⑩ 血清総タンパク質量からグロブリン量を差し引いたものがアルブミン量である．
⑪ アルブミン量とグロブリン量の比（A/G比）を求める．

まとめ

本法で求めたA/G比と電気泳動から求めたA/G比を比較する．

【計算】

血清0.3 ml中のグロブリン量（mg）
　　　= タンパク質濃度（μg/ml）× 100 × $1/10^3$

血清0.3 ml中の総タンパク質量（mg）
　　　= タンパク質濃度（μg/ml）× 0.3 × 10^3 × $1/10^3$

課題

アルブミン画分とグロブリン画分をそれぞれセルロースアセテート膜電気泳動し，アルブミンとグロブリンの分離ができているかどうかを確認する．

III 生体成分に関する実験

22 血清中の酵素と臨床検査

生体組織内には数多くの酵素が存在するが，これらの酵素は病気などによって細胞が破壊されると血液中に流出してくる．たとえば，GOT[*1]，GPT[*2]，ALP[*3]，LDH[*4]は，肝臓などに存在する細胞内酵素であり，血液中での活性上昇は細胞の異変と関連している．血液中の酵素の活性変化は臨床検査による診断に利用されている．

22.1 GOT，GPT活性の測定（120分）

22.1.1 GOT，GPT活性の比色測定法

■ 原 理

GOTでは，基質としてα-ケトグルタル酸（2-オキソグルタル酸）とアスパラギン酸，GPTでは，α-ケトグルタル酸（2-オキソグルタル酸）とアラニンを用い，酵素試料を加えて反応させたあと，生成するピルビン酸（GOTではオキサロ酢酸を生成するが，脱炭酸されピルビン酸となる）に2,4-ジニトロフェニルヒドラジンを加えてヒドラゾンをつくり，アルカリを加えて発色させ，吸光度を測定する．

■ 準備するもの

【器具】
ピペット，試験管，分光光度計，恒温水槽

【試薬】[*5]

① 0.1 M リン酸緩衝液（pH 7.4）：リン酸一水素ナトリウム 14.5 g とリン酸二水素カリウム 1.29 g を精製水に溶かし，全容を 500 ml にする．

② GOT用基質液（2 mM α-ケトグルタル酸，200 mM L-アスパラギン酸）：α-ケトグルタル酸 29.2 mg と L-アスパラギン酸 2.66 g を 1 N 水酸化ナトリウム（NaOH）約 20 ml に溶かし，pH 7.4 に調整したあと，0.1 M リン酸緩衝液で全容を 100 ml とする．クロロホルム約 0.5 ml を加え，冷蔵する（約1か月間安定）．

③ GPT用基質液（2 mM α-ケトグルタル酸，200 mM DL-アラニン）：α-ケトグルタル酸 29.2 mg と DL-アラニン 1.78 g を 0.1 M リン酸緩衝液約 30 ml に溶かし，1 N NaOH で pH 7.4 に調整したあと，0.1 M リン酸緩衝液で全容を 100 ml とする．クロロホルム約 0.5 ml を加え，冷蔵する（約1か月間安定）．

④ 発色試薬（1 mM 2,4-ジニトロフェニルヒドラジン）：2,4-ジニトロフェニルヒドラジン 20 mg を濃塩酸 7 ml に溶かし，精製水で全容を 100 ml とする．

⑤ 0.4 N NaOH

⑥ ピルビン酸標準液（2 mM ピルビン酸リチウム）：ピルビン酸リチウム 22.4 mg を 0.1 M リン酸緩衝液に溶かし，全容を 100 ml とする．

【試料】

ラット血清

実験操作

① GOT 用基質液（あるいは GPT 用基質液）0.5 ml を試験管にとり，37℃ の恒温水槽中で 3 分間加温する．
② 血清 0.1 ml を加え，37℃ の恒温水槽中で，GOT の場合 1 時間（GPT の場合は30分間）反応させる．
③ 恒温水槽から取り出し，発色試薬 0.5 ml を加えて混和し，室温に20分間放置する．
④ 0.4 N NaOH 5 ml を一定の速度で加えて混和し，赤褐色に発色させる．室温に30分間放置後，空試験を対照に 505 nm（あるいは 520 nm）で吸光度を測定する．
⑤ 空試験は血清のかわりに精製水を使用し，ほかの試薬は操作法に従い添加したものを用いる．

【検量線】

① 試験管 5 本にピルビン酸標準液 0，0.025，0.050，0.100，0.150 ml をとり，基質液（GOT 用または GPT 用）を加えて 0.500 ml にする．
② 各試験管に精製水 0.1 ml を加える．
③ 実験操作③，④に従い，横軸にカルメン（Karmen）単位[*6]を，縦軸に吸光度をプロットし検量線を作成する（図22.1）．なお試験管 5 本に対応するカルメン単位は，GOT の場合は，0，16，33，79，156 であり，GPT の場合は，0，18.5，37，75，122 である．

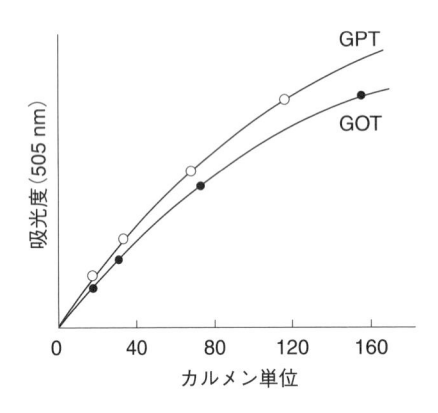

図22.1 GOT および GPT 活性の検量線

まとめ

検量線からラット血清中の GOT 活性と GPT 活性を求め，ヒトの正常値と比較する．

---

*1 GOT；グルタミン酸オキサロ酢酸トランスアミナーゼ（または，AST；アスパラギン酸アミノ基転移酵素，アスパラギン酸アミノトランスフェラーゼ）．
*2 GPT；グルタミン酸ピルビン酸トランスアミナーゼ（または，ALT；アラニンアミノ基転移酵素，アラニンアミノトランスフェラーゼ）．
*3 ALP；アルカリ性ホスファターゼ．

＊4　LDH；乳酸脱水素酵素．
＊5　GOT，GPT活性の臨床検査用として，ピルビン酸オキシダーゼを利用するキット（トランスアミナーゼC II-テストワコー，和光純薬工業株式会社製）が市販されている．
＊6　カルメン単位は，25℃で血清1ml当たり340nmのNADH〔ニコチンアミドアデニンジヌクレオチド（還元型）〕の吸光度の減少が0.001/minをもって1単位としている．25℃において，1分間に1μmolの基質を変化させる酵素活性が1国際単位（IU, 25℃）となる．

　　　　カルメン単位 × 0.482 ＝（IU/l, 25℃）

22.1.2　GOT，GPT活性のUV測定法

◆原　理◆

　GOTでは，基質としてα-ケトグルタル酸とアスパラギン酸を用い，酵素試料を加えて作用させるとオキサロ酢酸が生成する．生成したオキサロ酢酸はNADH存在下でMDHの作用によりリンゴ酸に変化する．その際，NADHはNADに酸化され，340nmの吸光度が減少する．一方，GPTでは，基質としてα-ケトグルタル酸とアラニンを用い，酵素試料を加えて作用させると，ピルビン酸が生成する．生成したピルビン酸はNADH存在下でLDHの作用により乳酸に変化する．その際，NADHはNADに酸化され，340nmの吸光度が減少する．これらのNADHの吸光度の減少速度を測定することにより酵素試料中のGOT，GPT活性値を求める．

◆準備するもの◆

【器具】

ピペット，試験管，分光光度計，恒温水槽，ストップウォッチ

【試薬】

① GOT用基質緩衝液：12mM α-ケトグルタル酸，125mM L-アスパラギン酸を含む80mMリン酸緩衝液（pH 7.4）．

② GOT測定試液：0.12mM β-ニコチンアミドアデニンジヌクレオチド還元型（β-NADH）（酵母由来），リンゴ酸脱水素酵素（MDH）（ブタ心臓由来）160単位/ml，乳酸脱水素酵素（LDH）（ウサギ筋肉由来）300単位/mlを含むGOT用基質緩衝液（調製当日中に使用）．

③ GPT用基質緩衝液：18mM α-ケトグルタル酸，80mM DL-アラニンを含む80mMリン酸緩衝液（pH 7.4）．

④ GPT測定試液：0.12mM β-ニコチンアミドアデニンジヌクレオチド還元型（β-NADH）（酵母由来），乳酸脱水素酵素（LDH）（ウサギ筋肉由来）1400単位/mlを含むGPT用基質緩衝液（調製当日中に使用）．

【試料】

ラット血清

◆実験操作◆

① GOT測定試液（あるいはGPT測定試液）2mlを試験管にとり，35℃の恒温水槽中で予備加温する．

② 血清0.2mlを加え（反応開始），軽く振りまぜ混和し，ただちに試験管の内容をセル（層長10mm）に移し，セルを分光光度計にセットする．

③ 反応を開始してから正確に1分後に340nmでの吸光度を読み取る．

④ ついで，正確に30秒ごとに反応開始から5分後までの吸光度を読み取る．
⑤ 吸光度の減少が直線的なところで，2分間の吸光度減少量を求める．

まとめ

次の計算式からGOT，GPT活性値を求める．
GOT，GPT活性値（カルメン単位）＝ 吸光度変化（$\Delta E/2\ \mathrm{min}$）× 830
GOT，GPT活性値（国際単位）＝ 吸光度変化（$\Delta E/2\ \mathrm{min}$）× 400

22.2　ALP，LDHの測定（90分）

22.2.1　ALPの測定

原理

ALPは，基質としてp-ニトロフェノールリン酸エステルを用い，血清を加えて作用させたあと，生成するp-ニトロフェノールによる吸光度の増加を利用して活性の測定を行う．

準備するもの

【器具】
ピペット，試験管，分光光度計

【試薬】
① 0.6 Mトリス-塩酸緩衝液（pH 8.2）：トリスヒドロキシメチルアミノメタン7.3 gを1 N塩化水素（HCl）約22 mlに溶かし，pH 8.2に調整したあと，精製水で全容を500 mlにする．
② 基質液（6.6 mM p-ニトロフェノールリン酸エステルのナトリウム塩）：p-ニトロフェノールリン酸エステルのナトリウム塩24.5 mgを0.6 Mトリス-塩酸緩衝液に溶かし，全容を100 mlにする．
③ 標準液：p-ニトロフェノールを0.6 Mトリス-塩酸緩衝液に溶かしたものを用いる．

【試料】
ラット血清

実験操作

① 基質液1 mlを試験管に採取し，37℃の恒温水槽中で3分間加温する．
② 血清0.1 mlを加え，37℃の恒温水槽中で30分間反応させる．
③ 空試験を対照に410 nmで吸光度を測定する．
④ 空試験は，ラット血清のかわりに精製水を使用し，ほかの試薬は操作法に従い添加したものを用いる．
⑤ 検量線の作成には，さまざまな濃度のp-ニトロフェノール標準液を用いる．

課題

酵素活性は反応液のpHに依存して著しく変動することを，トリス-塩酸緩衝液のpHを変えて確かめてみる．

22.2.2 LDHの測定

■ 原 理 ■

　LDHはピルビン酸を還元して乳酸に変化させる酵素である．したがって，基質であるピルビン酸に血清を加えて作用させたあと，残っているピルビン酸を発色させ，その際の吸光度の減少を利用してLDH活性の測定を行う．

■ 準備するもの ■

【器具】
ピペット，試験管，分光光度計

【試薬】
① 0.1 Mリン酸緩衝液（pH 7.4）
② 基質液（2 mMピルビン酸リチウム）
③ NADH液（14.1 mM）：β-NADHニナトリウム10 mgを0.1 Mリン酸緩衝液1 mlに溶かす（使用時調製）．
④ 発色試薬（1 mM 2,4-ジニトロフェニルヒドラジン）
⑤ 0.4 N 水酸化ナトリウム（NaOH）

【試料】
ラット血清

■ 実験操作 ■

① 基質液1 mlとNADH液0.1 mlを試験管にとり，37℃の恒温水槽中で3分間加温する．
② 血清0.1 mlを加え，37℃の恒温水槽中で30分間反応させる．
③ 恒温水槽から取り出し，発色試薬1 mlを加えて混和し，室温に20分間放置する．
④ 0.4 N NaOH 10 mlを一定の速度で加えて混和し，室温に10分間放置後，空試験を対照に505 nm（あるいは520 nm）で吸光度を測定する．
⑤ 空試験は，血清のかわりに精製水を使用し，はかの試薬は操作法に従い添加したものを用いる．
⑥ 検量線の作成にはピルビン酸標準液を使用し，③④の操作を行う．

■ 課 題 ■

　ピルビン酸を乳酸に変化させる反応においては，LDHとともに補酵素であるNADHがなければ反応の進まないことを確かめてみる．

23 尿の簡易検査とクレアチン，クレアチニンの定量

III 生体成分に関する実験

尿には，浸透圧の調節，水・塩類の排泄，酸塩基平衡の維持（pHの維持），老廃物，有毒物質，過剰物質の排泄などの機能がある．腎臓には，1日当たり約1700 l の血液が流れ込み，約170 l の原尿が生成し，再吸収と分泌・濃縮により，最終的に1日1200〜1500 ml の尿が生体内で生じた不要な老廃物と一緒に排泄される．したがって，尿に含まれる物質の変化や異常成分の検出を行うことによって，腎臓，尿路の疾患だけでなく，心臓，肝臓，その他の器官の疾患も判断することができる（表23.1）．また，尿の一般的な性状を調べるとともに，尿中成分について検査することにより，体内の物質代謝の様相を知ることができる（表23.2）．

表23.1 成人の正常尿

外観	淡黄色でほとんど蛍光を発しない
比重	1.015前後（1.002〜1.030）
pH	pH4.5〜8.0　酸性にするもの：動物性食品，代謝性，呼吸性，熱性病，激しい運動 アルカリ性にするもの：植物性食品，代謝性，呼吸性，尿路感染症
臭気	不快臭・異臭はない　ケトン臭：ケトン体排泄，アンモニア臭：尿路感染症
濁り	一般に清澄　濁りがある場合：尿酸塩，炭酸塩，リン酸塩，シュウ酸塩などが含有

表23.2 尿の成分　(g/日)

有機成分	30〜45	無機成分	20〜30
総窒素	6〜21	食塩	15〜20
尿素	14〜35	カリウム	1.5〜2.5
クレアチン	0.06〜0.15	カルシウム	0.1〜0.3
クレアチニン	1〜2	マグネシウム	0.1〜0.2
尿酸	0.4〜1.2	鉄	0.003
タンパク質	0.03〜0.2	硫黄	0.8
アミノ酸	0.2〜0.4	亜硫酸	1〜3
馬尿酸	0.1〜1.0	リン酸	0.5〜3.5

23.1 検査紙による尿成分の簡易検査（30分）

原理

尿の簡易検査法とは，プラスチック片にブドウ糖，ビリルビン，ケトン体，比重，潜血，pH，タンパク質，ウロビリノーゲン，亜硝酸塩，白血球検査用の各試験部分を組み合わせて貼り付けられた検査紙を用いて，表23.3に示す反応を行う方法である．

表23.3 測定原理

ブドウ糖	<u>ブドウ糖</u> + O_2 → グルコン酸 + H_2O_2 H_2O_2 + クロモーゲン・$2I^-$ → H_2O + 酸化的クロモーゲン・I_2
ビリルビン	<u>ビリルビン</u> + ジアゾニウム塩 → アゾ色素
ケトン体	<u>アセト酢酸</u> + ニトロプルシド・Na → $\begin{array}{c} Na_3[Fe(CN)_5 N = CH - COCH_2COOH] \\ | \\ OH \end{array}$
比重	<u>陽イオン</u> + $(-COOH)_n$ → H^+ の放出 H^+ + pH 指示薬 → 指示薬呈色変化
潜血	<u>ヘモグロビン</u> + DBDH + TMB → H_2O + 酸化型 TMB
pH	H^+ + 複合 pH 指示薬 → 指示薬呈色変化
タンパク質	<u>アルブミン</u> + TBPB → TBPB 変色点変化
ウロビリノーゲン	<u>ウロビリノーゲン</u> + p-ジエチルアミノベンズアルデヒド → 縮合体
亜硝酸塩	亜硝酸塩 + アルサニル酸 → ジアゾニウム化合物 ジアゾニウム化合物 + THBQ・3oI → アゾ色素
白血球	<u>白血球のエステラーゼ</u> + ピロールアミノ酸エステル → 　　　　　　　　　　　　　　　　　　3-OH-5-フェニルピロール 3-OH-5-フェニルピロール + ジアゾニウム塩 → アゾ色素

_____ は，検出物質を示す（参照：エームス尿検査試験紙）

準備するもの

① ピンセット，採尿カップ
② エームス尿検査試験紙

実験操作

① 採尿：採尿時期は起床直後が最もよい．また定量的検査を行うときは，24時間尿を用いるのが原則である（24時間尿採尿カップを使用すると，1日の1/40量が回収される）．一般的には，検査をする前に乾いた清浄な採尿カップに新鮮な尿検体を採取する．
② 試験紙を尿中に完全に浸し，試薬が溶出する前にただちに引き上げ過剰な尿を取り除く．
③ 肉眼で判定する場合は，規定時間内に判定表に近づけて慎重に判定する．
④ それぞれの検査項目が一度にできないときは，ガラス棒の先端に付着させた尿で・項目毎に判定する．判定は規定時間の範囲内で判定表に基づいて行う．

まとめ

自分の尿の検査結果をまとめるとともに，尿検査と糖代謝，腎機能，肝機能，酸塩基平衡，尿路感染などとの関連について調べる．

23.2 クレアチン，クレアチニンの定量（150分）

　クレアチンは肝臓で合成され，血液によって筋肉，その他の臓器に運搬され，そこでリン酸化されてクレアチンリン酸となり貯蔵される．クレアチンリン酸は筋収縮の直接のエネルギー源である．クレアチニンはクレアチンの代謝産物としてクレアチンリン酸から常に生産されている．クレアチンは腎糸球体から排泄されたあと，近位尿細管でほとんど再吸収されるため，筋肉発育の著しい小児期や再吸収能が障害される妊娠後半期を除くと通常尿中に排泄されない．しかし，クレアチニンは尿細管で再吸収されることなく尿中に排泄される．

◆ 原　理 ◆

ヤッフェ（Jaffe）の方法：クレアチニンをアルカリ性でピクリン酸と反応させると，クレアチニンの活性メチレン基とピクリン酸とが縮合した橙色のクレアチニンピクラートを生成する．

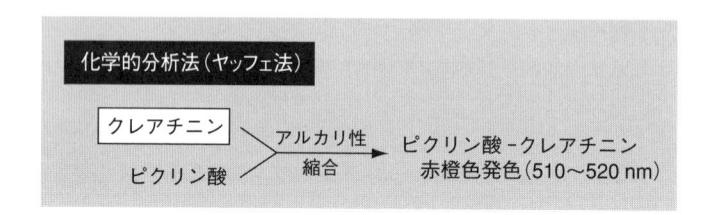

図23.1　ヤッフェの方法の原理

◆ 準備するもの ◆

【器具】
① 試験管，メスピペット
② 分光光度計，ウォーターバス

【試薬】
① 1 g/dl ピクリン酸（TNP）[*1]：1 g ピクリン酸に約 80 ml の精製水を加えて加温しながら溶かしたあと，100 ml にする．
② 1 N 水酸化ナトリウム（NaOH）
③ 1.0 mg/ml クレアチニン保存標準液：純クレアチニン 100 mg を 0.1 N 塩酸溶液で溶かし 100 ml にする．冷所で長時間安定である．
④ 10 μg/ml クレアチニン使用標準液：保存標準溶液を精製水で 100 倍に希釈する．

【試料】
新鮮な尿

◆ 実 験 操 作 ◆

（1）クレアチニン
① 2本の試験管にそれぞれ100倍希釈尿(A)とクレアチニン使用標準溶液(B) 3 ml を加え，さらに1 N NaOH 1 ml，ピクリン酸 1 ml を加える．空試験として，新しい試験管に精製水(C) 3

ml，1 N NaOH 1 ml，ピクリン酸1 ml を加える．

② 3本の試験管を室温に20分間放置後，10分以内に520 nm吸光度を測定する．

```
試験管（A，B，C）
├─ A．100倍希釈尿       3 ml
├─ B．クレアチニン使用標準液  3 ml
├─ C．精製水（空試験）     3 ml
├─ 1 N NaOH          1 ml
├─ ピクリン酸          1 ml
│
室温，20分放置
│
520 nm 吸光度測定
```

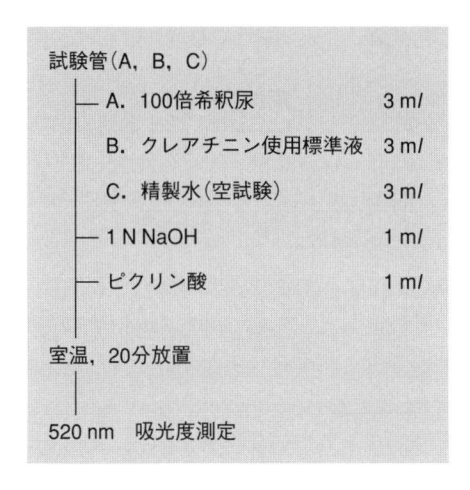

図23.2　クレアチニンの定量

（2）クレアチン（総クレアチニン）

① 2本の目盛り付き共栓試験管にそれぞれ100倍希釈尿[*2]（A）とクレアチーン使用標準溶液（B）3 ml を加え，さらに精製水3 ml，ピクリン酸1 ml を加える．空試験として，新しい試験管に尿のかわりに精製水（C）3 ml，さらに精製水3 ml，ピクリン酸1 ml を加える．

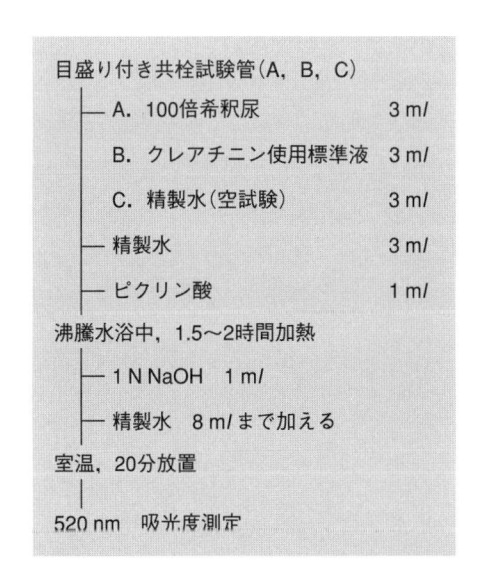

```
目盛り付き共栓試験管（A，B，C）
├─ A．100倍希釈尿       3 ml
├─ B．クレアチニン使用標準液  3 ml
├─ C．精製水（空試験）     3 ml
├─ 精製水            3 ml
├─ ピクリン酸          1 ml
沸騰水浴中，1.5～2時間加熱
├─ 1 N NaOH  1 ml
├─ 精製水   8 ml まで加える
室温，20分放置
│
520 nm 吸光度測定
```

図23.3　総クレアチニンの定量

② 3本の試験管を沸騰浴中で1.5～2時間[*3]加熱する．
③ 加熱後，冷却して1 N NaOH 1 ml 加えたあと，8 ml の目盛り標線まで精製水を加える．
④ 室温に20分間放置後，10分以内に520 nm吸光度を測定する．

まとめ

① 希釈尿およびクレアチニン使用標準液の吸光度から，それぞれ空試験の値を引き，尿中クレアチニン濃度を求める．

III 生体成分に関する実験

② 尿中クレアチン濃度は，総クレアチニン濃度から既存クレアチニン濃度を差し引いて求める．
③ 1日の尿量を 1200 ml と仮定して，クレアチニン係数[*4]を求める．

【計算】

尿中クレアチニン濃度（mg/ml 尿）
　　＝（希釈尿の吸光度 － 空試験）/（標準液の吸光度 － 空試験）
　　　× 希釈倍数 × 10 μg/ml × 1/1000

クレアチン（クレアチニンとして）濃度（mg/ml 尿）
　　＝（総クレアチニン濃度）－（既存クレアチニン濃度）

クレアチニン係数 ＝（クレアチニン排泄量 mg）/（体重 kg）

[*1] ピクリン酸は純度のよい特級を用いる．
[*2] 尿の希釈は，総クレアチニンが 0.05 mg/ml 以下になるようにする．
[*3] 1.5 時間加熱することによって，クレアチンは 100% クレアチニンに変化する．
[*4] クレアチニン係数：体重 1 kg 当たり 24 時間のクレアチニン排泄量（mg）．運動や尿量に影響を受けない（男性 20〜26 mg/kg/日，女性 14〜22 mg/kg/日）．

III 生体成分に関する実験

24 尿中尿素窒素および総窒素の定量

　体液や組織などの生体試料を除タンパク沈殿し，その上清中から得られる窒素を非タンパク性窒素（non protein nitrogen: NPN）または残余窒素という．尿中NPNの約85%は尿素窒素であり，ついでクレアチニン（5%），アンモニア（3%），尿酸（1%），アミノ酸，クレアチンなどがある．

24.1 尿中尿素窒素の定量（90分）

　体タンパクおよび食餌タンパクに由来するアミノ酸は，体内および腸内細菌のさまざまな酵素により脱アミノ化される．その結果，生じたアンモニアは肝臓で尿素に合成され代謝産物として尿中に排泄される．

■ 原 理 ■

● ウレアーゼ-インドフェノール（urease-indophenol）法

　試料中の尿素にウレアーゼを作用させて生じるアンモニアを，フェノールと次亜塩素酸によってインドフェノールに変え，その625 nmの吸光度から尿素を定量する（図24.1）．

$$\text{尿素 } CO(NH_2)_2 + 2H_2O \xrightarrow{} CO_3^{2-} + 2NH_4^+ + \text{フェノール} \xrightarrow{\text{次亜塩素酸ナトリウム}} \text{インドフェノール青 (625 nm)}$$

図24.1　ウレアーゼ-インドフェノール法

■ 準備するもの ■

【器具】
分光光度計，インキュベーター

【試薬】
① ウレアーゼ溶液[*1]：EDTA・2Na 400 mgを精製水800 mlに溶かし1N 水酸化ナトリウム（NaOH）でpH 7に調整後，ウレアーゼ（72.5 U/mg, TOYOBO）10 mgを加え，さらに精製水で全量を1000 mlにする．
② フェノール試薬：フェノール5 g，ニトロプルシドナトリウム25 mgを精製水で500 mlとする．褐色瓶に保管．氷室内で6か月保存可能．

③ アルカリ性次亜塩素酸ナトリウム溶液[*2]：水酸化ナトリウム2gと有効塩素濃度5％の次亜塩素酸ナトリウム2.5 mlを精製水で500 mlにする．
④ 尿素窒素標準溶液：尿素0.214 gを精製水100 mlに溶かす．1.00 mg/mlの尿素窒素標準液となる．

【試料】

新鮮な尿

実験操作

① 4本の試験管を用意し，1本に200〜400倍に希釈した尿を0.1 ml入れ，ウレアーゼ溶液を1.0 ml加える(A)．空試験①として，2本目の試験管に精製水を0.1 mlとウレアーゼ溶液を1.0 ml入れる(B①)．3本目の試験管には，1本目の試験管に加えたのと同じ希釈尿を0.1 mlと精製水1.0 mlを加え(C)[*3]，4本目の試験管には，空試験②として，精製水1.1 mlを入れる(B②)．それぞれの試験管を37℃，15分間加温する．
② 次に，フェノール試薬1 mlを加えてよく混ぜ，さらにアルカリ性次亜塩素酸試薬を1 ml加え，ふたたび37℃で15〜20分間放置し，さらに精製水4 mlを加えて混合したあと，630 nmでの吸光度を測定する．
③ (A−B①)−(C−B②)の吸光度が測定値となる．

【検量線】

① 尿素窒素標準液(1.00 mg/ml)を精製水で希釈して，10, 20, 30, 40, 50 μg/mlを作製し，各0.1 mlを試験管に入れる．空試験は精製水を0.1 mlとする．
② ウレアーゼ溶液を1.0 mlずつ加えてよく混ぜ，37℃，15分間加温する．以下，上の実験操作②に従い，横軸に尿素窒素濃度を，縦軸に吸光度をプロットし検量線を作成する．

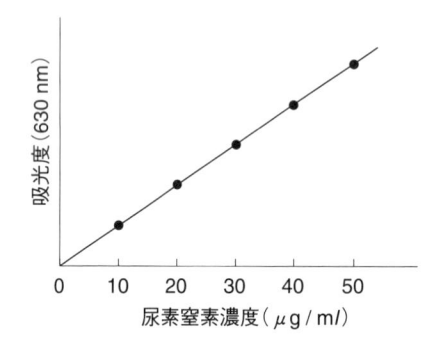

図24.2 尿素窒素の検量線

まとめ

① 測定値を検量線にあてはめ，得られた濃度から尿1 ml中の尿素窒素量を計算する．
② 1日の尿排泄量を1200 mlと仮定して，1日の排泄尿素窒素量を計算する．また，この値より1日の排泄尿素量を計算する．

【計算】

尿中尿素窒素濃度 (mg/ml)
　　= 検量線から求めた尿素窒素濃度 (μg/ml) × 尿の希釈倍率 × $1/10^3$

尿素量 ＝ 尿素窒素量 × 60/28

■ 課　題

尿中窒素化合物の種類を考慮して，上の実験で（A － B①）と（C － B②）の吸光度はそれぞれ何を示しているのかを考察する．

---

* 1　ウレアーゼ溶液：氷室内で1か月保存は可能，保管が悪いと活性は低下する．
* 2　アルカリ性次亜塩素酸ナトリウム試薬：一般には，有効塩素濃度 min 5％が市販されている．濃度は3～6％であれば呈色する．
* 3　ウレアーゼの作用がなければ，尿中アンモニア態窒素濃度が測定される．

24.2　総窒素の定量（ケルダール法）（180分）

タンパク質に富んだ食物を多量に摂取したとき（食餌性タンパク尿）や熱性疾患である高熱時（熱性タンパク尿），過激な運動そしてストレスなどでもわずかに尿中にタンパク質が排泄されることがある．また，一般には，尿中の窒素量はおもにアミノ酸の異化の結果として排出されたものと考えられ，尿中の総窒素量を測定することで，現在摂食しているタンパク質の分解量（異化）を推定することができる．ここでは，尿中総窒素量を，（1）ミクロ・ケルダール（micro-Kjeldahl）法（Parnas 変法）と，（2）ケルダール窒素迅速分解装置と窒素迅速蒸留装置を用いるマクロ・ケルダール（macro-Kjeldahl）法で定量する場合について説明する．

■ 原　理

試料に触媒と濃硫酸を加えて高温で加熱すると，有機窒素はすべて硫酸アンモニウム〔$(NH_4)_2SO_4$〕の形として捕捉される．これに過剰のアルカリ溶液を加えて，遊離するアンモニア（NH_3）を水蒸気蒸留によって一定容量の規定硫酸（H_2SO_4）液中に中和させたあと，過剰の H_2SO_4 溶液を規定 NaOH で標定し窒素量を求める．

（1）ミクロ・ケルダール法
■ 準備するもの
【器具】
①　ケルダール分解フラスコ（200 ml），ケルダール窒素分解装置（電熱式）
②　Parnas のミクロ・ケルダール窒素蒸留装置

【試薬】
①　触媒：硫酸銅（$CuSO_4 \cdot 5H_2O$），硫酸カリウム（K_2SO_4）を 1：9（w/w）の割合で混合し，乳鉢でよく混和する．
②　40 w/v％ 水酸化ナトリウム（NaOH）
③　0.01 N H_2SO_4 標準溶液
④　0.01 N NaOH 標準液：正確に標定し，ファクター（F）を求めておく
⑤　混合指示薬：メチルレッド 0.2 g とメチレンブルー 0.1 g を 98％ エタノール溶液 100 ml に溶かす．

III 生体成分に関する実験

【試料】
新鮮な尿

実験操作

① 尿を分解フラスコに0.5 ml入れ，触媒1.0 g，濃硫酸5 mlを加えて，穏やかに混ぜ分解装置にセットする（図24.3）．空試験は，試料を入れない分解フラスコを作成し，本試験と同様の操作を行う．

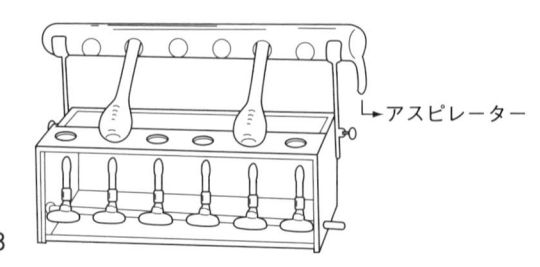

図24.3

② はじめは弱く加熱し，ふきこぼれなくなってから強く加熱する．分解のはじめは黒変するが次第に透明な青緑色へと変化する．完全に透明になってからも10分加熱を続ける．終了後は放冷する．次に精製水30 mlを静かに加え，100 mlのメスフラスコに移し全量を100 mlにする．

③ 蒸留装置（図24.4）のAに精製水を約2/3入れ，沸騰石を入れてコックb，c，d，eを閉じ，コックaを開き，加熱沸騰させる．

④ 0.01 N H$_2$SO$_4$溶液10 mlをホールピペットで100 ml容三角フラスコに入れ，混合指示薬を数滴加えて赤色にしたあと，Dにセットする．

⑤ 希釈した試料液を10 mlホールピペットでdのコックを開いてロートからCに入れさらに少量の精製水を加えて試料液を洗い込む．

⑥ 40 w/v % NaOH溶液10 mlをdのロートから入れ，Cのフラスコ内を強いアルカリ溶液にする．コックdを閉じ，すばやくb，cを開けaを閉じる．

⑦ 水蒸気がBを通ってCに入りNH$_3$を発生させる．この蒸留を10〜15分間続ける．Dの溶液が約2倍量になったとき，冷却管の先端をH$_2$SO$_4$溶液の先から離し，さらに2分間蒸留を続ける．

⑧ 冷却管の先端を精製水で洗い，その溶液も三角フラスコDに入れる．

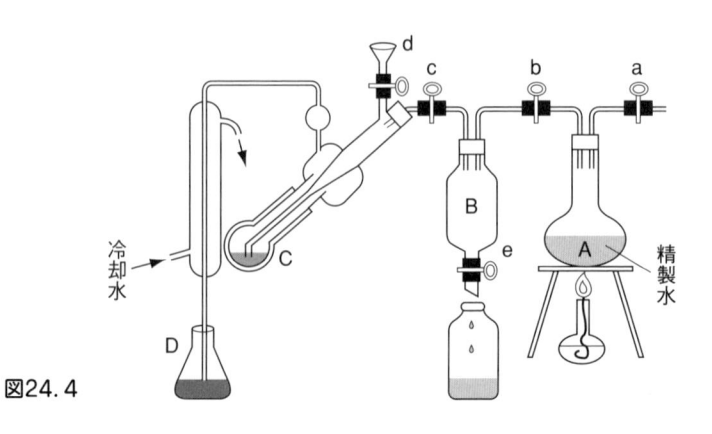

図24.4

⑨ コック a を開け，b を閉じるとフラスコ C の溶液は B に移動しコック e から排出される．さらに d から精製水を入れたあと，d を閉じれば精製水は C を洗浄後 e から排出され，蒸留操作は終了する．
⑩ 三角フラスコ D 溶液については，0.01 N NaOH 標準液で滴定する．赤色から微緑色になった点を終点とし，その滴定値を T ml とする．
⑪ 空試験についての滴定値を T_0 ml とする．

■ まとめ ■

尿 1 ml 中の総窒素量を計算して求める．
【計算】
尿 1 ml 中の総窒素量（mg/ml）＝ $(T_0 - T) \times F \times 0.14 \times 1.00/0.50 \times 100/10$

■ 課　題 ■

① ケルダール法の反応機序を化学式でまとめる．
② 0.01 N NaOH 標準液（F = 1.00）1 ml に相当する N 量が 0.140 mg であることを説明する．
③ 自分の 1 日尿排泄量を 1200 ml と仮定して，1 日総窒素排泄量を計算する．尿中の総窒素量と尿素窒素量を比較し，総窒素に対する尿素窒素の比率を計算する．
④ 1 日の総窒素排泄量から，1 日の摂取タンパク質量を推定する．

（2）迅速装置を用いるマクロ・ケルダール法

■ 準備するもの ■

【器具】
① シールド型ケルダール分解チューブ
② ケルダール窒素迅速分解装置[*1]
③ ケルダール窒素蒸留装置[*1]
④ ビュレット（25 ml 容），三角フラスコ（200 ml 容）

【試薬】
① 触媒：ケルタブ CQ
② 35 w/v％水酸化ナトリウム（NaOH）
③ 0.05 N H_2SO_4 標準溶液
④ 0.05 N NaOH 標準液：正確に標定し，ファクター（F）を求めておく．
⑤ 混合指示薬：メチルレッド 0.2 g とメチレンブルー 0.1 g を 98％エタノール溶液 100 ml に溶かす．

【試料】
新鮮な尿

III 生体成分に関する実験

■ 実 験 操 作 ■

① 尿を分解チューブに 0.50 ml 入れ，ケルタブ CQ 1 錠，濃硫酸 5 ml を加えて，穏やかに混ぜ分解装置にセットする．空試験は，試料を入れない分解チューブを作成し，本試験と同様の操作を行う．

② 分解の手順は分解装置のマニュアルに従う．分解のはじめは黒変するが，しだいに透明な青緑色へと変化する．終了後は放冷する．次に精製水約 20 ml を静かに加え，混合する．

③ 0.05 N H_2SO_4 溶液 20 ml をホールピッペトを用いて 200 ml 容三角フラスコに入れ，混合指示薬を数滴加えて赤色にしたあと，蒸留装置にセットする．

④ 蒸留装置に分解チューブを装着し，装置のマニュアルに従って水蒸気蒸留を行う．なお，加える 35w/v％ NaOH の量が 25〜30 ml になるように装置を設定しておく．

⑤ 蒸留が終了したら，蒸留装置にセットしてある 200 ml 容三角フラスコを取り出す．

⑥ 0.05 N NaOH 標準液で滴定する．赤色から微緑色になった点を終点とし，その滴定値を T ml とする．

⑦ 空試験についての滴定値を T_0 ml とする．

■ まとめ ■

尿 1 ml 中の総窒素量を計算して求めよ．

【計算】

尿 1 ml 中の総窒素量 (mg/ml) = $(T_0 - T) \times F \times 0.700 \times 1.00 / 0.50$

■ 課 題 ■

① ケルダール法の反応機序を化学式でまとめる．

② 0.05 N NaOH 標準液（F = 1.00）1 ml に相当する N 量が 0.700 mg であることを説明する．

③ 自分の 1 日尿排泄量を 1200 ml と仮定して，1 日総窒素排泄量を計算する．尿中の総窒素量と尿素窒素量を比較し，総窒素に対する尿素窒素の比率を計算する．

④ 1 日の総窒素排泄量から，1 日の摂取タンパク質量を推定する．

＊1 三田村理研工業株式会社製．

III 生体成分に関する実験

25 抗原抗体反応に関する実験

赤血球や細菌などの粒子状抗原に抗体を反応させると，抗体が抗原間に架橋を形成するように結合する．たとえば，腸チフス患者の血清にチフス菌を加えて混合すると，チフス菌は血清中に含まれているチフス菌の抗体と特異的に反応して凝集塊をつくる．このように，抗原と抗体が特異的に反応し，それに随伴して起こる凝集反応，溶解反応，沈降反応などを抗原抗体反応という．ここでは，日常の臨床免疫学的検査で実施されている試験管内抗原抗体反応と，食物アレルゲン検索についての実験を行う．

25.1 沈降反応（重層法）（90分）

■ 原　理 ■

タンパク質や多糖質などの可溶性抗原を，抗血清や抗体の上に静かに重ねて反応させると，その境界面に不溶性抗原抗体結合物の沈降輪が生成する．この反応を沈降反応という．

■ 準備するもの ■

【器具】
① 内径3 mm，長さ50 mmの毛細試験管，10本
② 毛細管ピペット

【試薬】
① 抗原：ウシ血清アルブミンを0.9％塩化ナトリウム（NaCl）に溶解した液（mg/ml）．
② 抗体[*1]：抗ウシ血清アルブミン抗体（Rabbit Anti-Bovine Serum Albumin）を3％アラビアゴム-0.1 Mリン酸ナトリウム緩衝液（pH 7.2）で2倍ずつ希釈し1/2, 1/4, 1/8, 1/16, 1/32, 1/64, 1/128, 1/256の濃度のものを作成する．

■ 実験操作 ■

① 希釈抗ウシ血清アルブミン抗体を別べつの毛細試験管の底から2 cmまで，毛細管ピペットを用いて気泡が生じないように注意して入れる．
② 各毛細試験管に入れた希釈抗体の界面を乱さないように，抗原を毛細管ピペットを用いて静かに重層する．
③ 室温で静かに放置して15分，30分，1時間と反応のようすを観察する．観察するときは，黒い紙を背景にして，蛍光灯で観察すると白濁が検出されやすい．
④ 対照として，3％アラビアゴム-0.1 Mリン酸ナトリウム緩衝液を入れた毛細試験管に，抗原を加え同様に反応させる．

⑤ 対照と比較して差のないものを陰性とする．

まとめ

判定段階 3：沈降輪が厚い円板状に生成する．
2：沈降輪が薄い円板状に生成する．
1：沈降輪の界面がわずかに濁っている．

沈降輪の位置は，抗体と抗原の濃度関係と関連性がある．どのような関連性があるかを沈降輪の位置から考える．

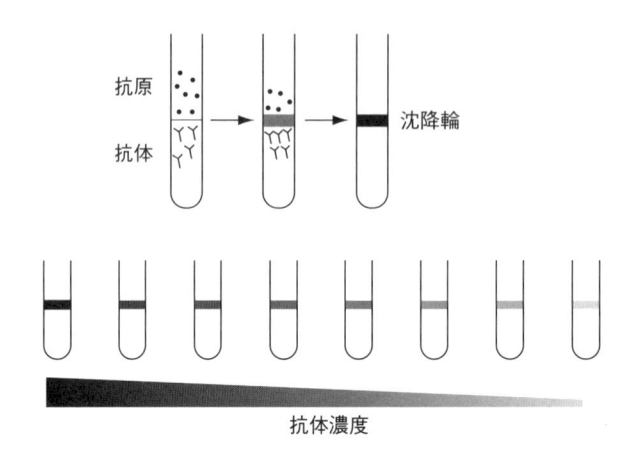

図25.1 沈降反応

---

*1 抗体：抗体希釈は，用事調製する．開封後は4℃冷蔵庫に保存すれば，長期間保存が可能である．

25.2 食物アレルゲン－IgE 結合（ELISA 法）（240分）

Ⅰ型アレルギーの典型的な疾患である食物アレルギーは，食物として経口的に摂取されたアレルゲンに対する過剰な免疫反応で，おもに IgE 抗体が関与している．ここでは，ELISA 法を用いて，アレルゲン免疫ラット血清によるアレルゲンの検索を行う．

原　理

ELISA（enzyme-linked immunosorbent assay）

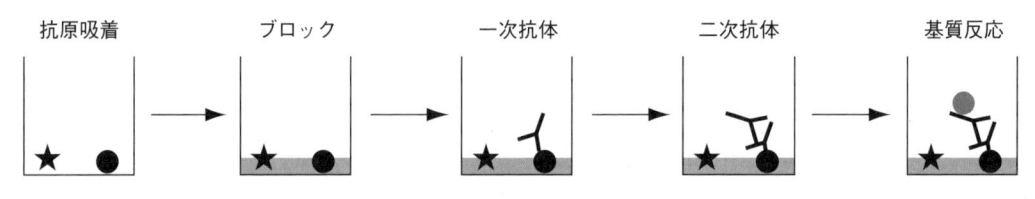

図25.2 ELISA の模式図

準備するもの

【器具】
① マイクロプレート（96穴）
② マイクロピペット（200 μl）
③ マイクロプレートリーダー

【試薬】
① 一次抗体（オボアルブミン免疫ラット血清）：オボアルブミンアジュバンドでラットを免疫する（2週間に数回）．免疫後，ラット血清を 0.2 M リン酸緩衝液（pH 7.2）で 100 倍希釈する．
② 抗原溶液：1, 2.5, 5, 7.5, 10 $\mu g/ml$（オボトランスフェリン，オボアルブミン，オボムコイド，リゾチームを 1～10 $\mu g/ml$ に調製する）．
③ 二次抗体：抗ラット IgE-HRP（パーオキシダーゼ標識）を 0.2 M リン酸緩衝液（pH 7.2）で 1000 倍希釈する．
④ 0.15 M 食塩を含む 0.01 M リン酸緩衝液 pH 7.2（リン酸緩衝液生理食塩水，PBS）
⑤ 0.05% Tween20 を含む PBS（T-PBS）
⑥ 3% ウシ血清アルブミンを含む PBS（BSA-PBS）
⑦ 発色用緩衝液：0.1 M クエン酸-0.2 M リン酸一水素ナトリウム緩衝液（pH 5.0）．
⑧ 基質：発色用緩衝液 100 ml に o-フェニレンジアミン二塩酸塩（OPD）40 mg，30% 過酸化水素水 40 μl を加え，発色液とする（要事調製）．
⑨ 反応停止液：2 M 硫酸．

実験操作

① マイクロプレートの well に各抗原の各濃度溶液を 100 μl 加え，1 時間室温に放置し，抗原を well に吸着させる．
② 抗原溶液を除去したのち，100 μl の PBS で well を 3 回洗浄する．
③ 3% BSA-PBS の 100 μl を well に加え，60 分間室温に放置し，well の抗原非吸着部をブロックする．
④ BSA-PBS を除去したのち，100 μl T-PBS で 3 回洗浄する．
⑤ 一次抗体 100 μl を well に加え，1 時間室温に放置する．
⑥ 一次抗体を除去したのち，100 μl T-PBS で 3 回洗浄する．
⑦ 二次抗体 100 μl を well に加え，1 時間室温に放置する
⑧ 二次抗体を除去したのち，100 μl T-PBS で 3 回洗浄する．
⑨ 発色液 100 μl を well に加え，適当なときに反応停止液を 100 μl 加え，酵素反応を止める．
⑩ マイクロプレートリーダーを用いて波長 490 nm で吸光度を測定する．

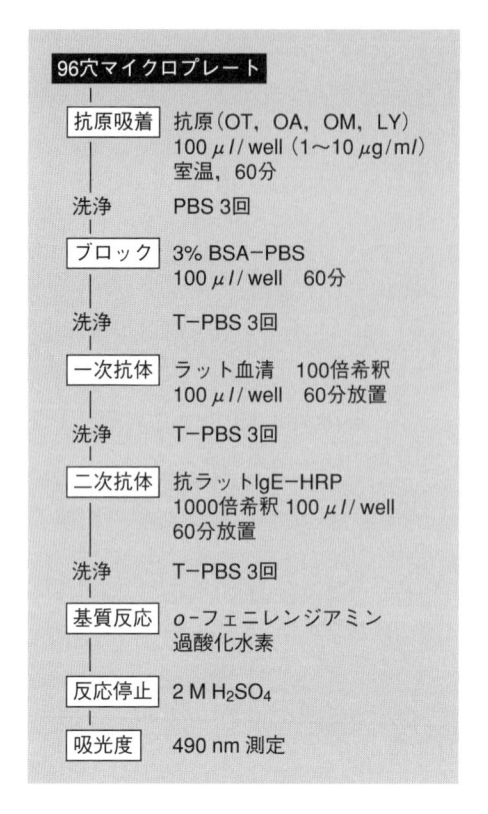

```
┌─────────────────────────┐
│ 96穴マイクロプレート     │
└─────────────────────────┘
     │
  ┌─────┐  抗原(OT, OA, OM, LY)
  │抗原吸着│  100 μl/well (1～10 μg/ml)
  └─────┘  室温, 60分
     │
   洗浄    PBS 3回
     │
  ┌─────┐  3% BSA-PBS
  │ブロック│  100 μl/well  60分
  └─────┘
     │
   洗浄    T-PBS 3回
     │
  ┌─────┐  ラット血清  100倍希釈
  │一次抗体│  100 μl/well  60分放置
  └─────┘
     │
   洗浄    T-PBS 3回
     │
  ┌─────┐  抗ラットIgE-HRP
  │二次抗体│  1000倍希釈 100 μl/well
  └─────┘  60分放置
     │
   洗浄    T-PBS 3回
     │
  ┌─────┐  o-フェニレンジアミン
  │基質反応│  過酸化水素
  └─────┘
     │
  ┌─────┐  2 M H₂SO₄
  │反応停止│
  └─────┘
     │
  ┌─────┐  490 nm 測定
  │吸光度 │
  └─────┘
```

図25.3　ELISA 法

■ まとめ

① IgE 抗体結合タンパク質の特異性について考察する．
② IgE 抗体結合タンパク質の濃度と吸光度との関係をグラフにする．

■ 課　題

免疫交叉性について考察する．

Ⅲ 生体成分に関する実験

26 遺伝子操作に関する基礎実験
――外来遺伝子の導入

　遺伝子あるいはDNAを試験管内で自由に改変し，異なる種の任意の細胞に導入して複製，発現させる一連の技術を，組換えDNA技術と総称する．組換えDNA技術により，生物の種の壁を越えたDNA配列同士の接続が可能である．この技術の進歩により，分子生物学，医学の研究は革新的に進展しつつある．また，農産物の品種改良やヒトの遺伝子治療の手段としても重要である．

　本実験では組換えDNA技術の最も基本となる大腸菌への外来遺伝子（プラスミド）の導入を行う．実験を行うにあたっては，原核生物のDNA複製，転写制御，タンパク質合成などの予備知識が必要である．また，器具や試薬，細菌の殺菌処理，無菌操作も必要である．

　2004年2月に「生物の多様性に関する条約のバイオセーフティーに関するカルタヘナ議定書」がわが国でも発効され，それとともに「遺伝子組換え生物等の使用等の規制による生物の多様性の確保に関する法律」が施行された．大腸菌に外来遺伝子を導入する本実験は，法律および関連する省令，告示や通知（2004年2月文部科学省通知；高等学校等において教育目的で行われる遺伝子組換え実験の「遺伝子組換え生物等の使用等の規制による生物の多様性の確保に関する法律」における取扱いについて[*1]）に従って実施しなければならない．安全性の高い本実験は通常の理科実験室レベルで行うことが可能であるが，遺伝子組換え実験経験者の配置，使用可能な菌やプラスミド，実験室の管理などを把握し，必要な手続きをとる必要がある．

原　理

　大腸菌にはいろいろな株があり，それぞれ異なった遺伝子型をもつ．また，プラスミドにも，薬剤耐性遺伝子やその他の発現タンパク質，プロモーターの種類など，多種多様のものがある．用いる菌株，プラスミドが異なると，それぞれ必要な試薬や実験条件が異なるので注意が必要である．以下の説明では，外来遺伝子として図26.1に示したUC19-プラスミド（pUC19）を用いたときを例とする．

（1）プラスミド導入大腸菌におけるタンパク質（形質）の発現

① アンピシリン耐性の獲得：pUC19にあるアンピシリン耐性遺伝子（Amp^r）は抗生物質分解酵素β-ラクタマーゼをコードしている（図26.1）．培地にアンピシリンを添加した場合でも，形質転換（transformation）した大腸菌では，β-ラクタマーゼタンパク質がつくられて生育する．

② β-ガラクトシダーゼ活性の誘導：pUC19は，分子内にAmp^{r}とともに，lacZ′遺伝子（β-ガラクトシダーゼのN末端，約150アミノ酸残基）をもつ．lacZΔM15という欠失変異を有する大腸菌（JM101株，JM109株，DH5α株など）は，N末端を欠損したβ-ガラクトシダーゼを合成するためにβ-ガラクトシダーゼ活性を示さない．しかし，これらの大腸菌にpUC19を導

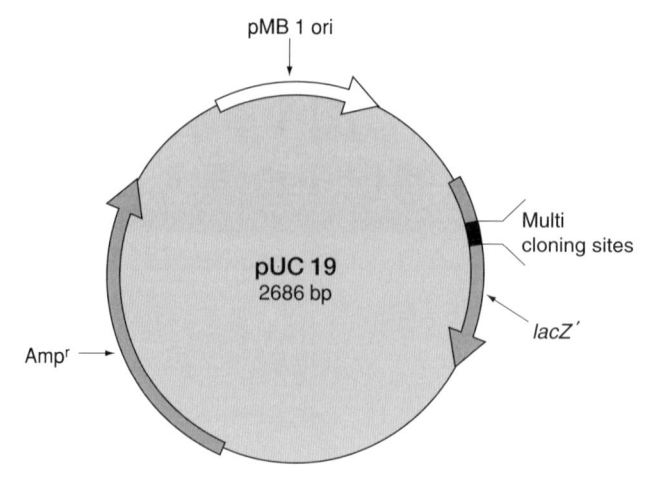

図26.1　pUC19の構造

入すると，α-相補性により活性のあるβ-ガラクトシターゼが形成される．その酵素活性は，X-gal（5-ブロモ-4-クロロ-3-インドリル-β-D-ガラクトピラノシド）の分解による青色の呈色反応で検出できる．ただし，JM101株やJM109株では *lacI*^{q} 変異のため *lac* リプレッサーが過剰発現され，*lac* プロモーターに負の制御を行う．*lacZ'* 遺伝子を発現させて活性のあるβ-ガラクトシターゼを誘導するためには，IPTG（イソプロピル-β-D-チオガラクトピラノシド）を培地に添加して *lac* リプレッサーの働きを抑える必要がある．*lacI*^{q} 変異のない DH5α 株では，β-ガラクトシターゼ活性誘導のために IPTG を培地に添加する必要はない．

（2）コンピテントセル

大腸菌は強固な細胞膜と細胞壁をもち，通常ではプラスミドのような大きな分子は内部に入り込めない．大腸菌を 50 mM 程度の塩化カルシウム処理することにより細胞膜の透過性が増大して外来の DNA を取り込める受容能（competence）を獲得したコンピテントセル（competent cell）となる．また，カルシウムイオンにより，DNA のマイナス電荷が中和されてマイナス電荷をもつ細胞表面からの反発を防ぎ，プラスミドは効率よく大腸菌の中に取り込まれる．実験に際しては，42℃，50秒の熱処理によりさらに導入効率を上げることができる．

大腸菌株の種類により，高効率のコンピテントセル作製法は異なる．うまくつくると 10^9 CFU/μg プラスミド DNA（colony forming unit; CFU）以上の効率のものが得られる．本実験ではそれほどの高効率は得られないが，比較的簡便な作製法を用いる．

準備するもの

【器具】
① 冷却遠心機
② 恒温槽（大腸菌培養用，37℃）
③ ウォーターバス（60℃，42℃）
④ オートクレーブ
⑤ 滅菌ピペット（10 m*l*）：ディスポーザブルまたはガラス製のものを乾熱滅菌する．

⑥ 滅菌遠心管
⑦ 滅菌シャーレ（直径90 mm程度のもの）：ディスポーザブルまたはガラス製のものを乾熱滅菌する．
⑧ 滅菌チップ
⑨ 滅菌エッペンドルフチューブ
⑩ ろ過滅菌用メンブレンフィルター（ポアサイズ0.2 μm程度のもの）
⑪ コンラジ棒（スプレッダー）

【試薬】
以下の試薬はオートクレーブ（120℃，15分間）またはフィルターろ過滅菌したものを使用する．

① TE溶液：10 mM Tris–1 mM EDTA pH 8.0溶液．
② Tris-Ca溶液：50 mM $CaCl_2$–10 mM Tris pH 8.0溶液．
③ アンピシリン水溶液：アンピシリン100 mgを精製水1 mlに溶かして100 mg/ml溶液とし，0.22 μmのメンブレンフィルターろ過により滅菌して–20℃保存する．
④ IPTG水溶液：IPTG（イソプロピル–β–D–チオガラクトピラノシド）23.83 mgを精製水1 mlに溶かして100 mM溶液とし，0.22 μmのメンブレンフィルターにより滅菌して–20℃保存する．
⑤ X-gal溶液：X-gal（5-ブロモ-4-クロロ-3-インドリル–β–D–ガラクトピラノシド）40 mgをジメチルホルムアミド1 mlに溶かして40 mg/mlとする．–20℃遮光保存する．
⑥ LB培地（Luria-Bertani medium）：バクトトリプトン10 g，バクトイーストエクストラクト5 g，塩化ナトリウム10 gを精製水1 lに溶解，水酸化ナトリウムでpH 7.0〜7.5に調整後，オートクレーブ滅菌する．
⑦ LB寒天培地（アンピシリン–，X-gal –，IPTG –）：15 g寒天/LB培地1 l．オートクレーブ滅菌後，60℃まで冷ましてから，シャーレ1枚当たり20〜25 mlを注ぐ．60℃のウォーターバスを用いると便利である．クリーンベンチ内で，蓋を少し開けた状態で水蒸気を逃がしながら放冷する．室温まで下がり凝固したら蓋をして4℃で保存する．
⑧ アンピシリン選択培地（アンピシリン＋，X-gal –，IPTG –）：オートクレーブ後55〜60℃まで冷ましたLB寒天培地に，アンピシリン水溶液（100 mg/ml）を1/1000容（終濃度100 μg/ml）加える．冷暗所保存で1週間程度使用可能．
⑨ アンピシリン/X-gal培地（アンピシリン＋，X-gal ＋，IPTG –）：オートクレーブ後55〜60℃まで冷ましたLB寒天培地にアンピシリン水溶液を1/1000容（終濃度100 μg/ml），X-gal溶液を1/500容（終濃度80 μg/ml）加える．冷暗所保存で1週間程度使用可能．
⑩ IPTG誘導選択培地（アンピシリン＋，X-gal ＋，IPTG ＋）：オートクレーブ後55〜60℃まで冷ましたLB寒天培地にアンピシリン水溶液を1/1000容（終濃度100 μg/ml），X-gal溶液を1/500容（終濃度80 μg/ml），IPTG水溶液を1/1000容（終濃度0.1 mM）加える．冷暗所保存で1週間程度使用可能．

【試料】
① コンピテントセル（大腸菌）：調製法は後述する．自分で調製しないときは，K-12株JM109コンピテントセルを購入する．なお，JM109の遺伝子型は〔$hsdR$17（rK^-，mK^+），$recA$1，

*endA*1, Δ(*lac-proAB*), *gyrA*96, *thi-*1, *relA*1, *supE*44, F′[*traD*36, *proAB*⁺, *lacI*ᑫ, *lacZ*ΔM15], e14⁻(*McrA*⁻)] である.

② プラスミドDNA溶液：本実験ではpUC19を用いる．TE溶液で100 ng/μl程度の濃度とし，使用時まで凍結保存する（－20℃で数年間安定）．このプラスミドはメーカーからの購入も可能であるが，基礎研究目的（教育を含む）に限って国立遺伝学研究所[*2]より入手可能である．また，実験操作⑪のプレートより1個の青色コロニーをピックアップし，適当な液体培地で培養後，多量のプラスミドDNAを回収できる（詳細な実験方法はほかの成書を参照）．

■ 実 験 操 作 ■

以下の各操作は滅菌した試薬および器具を用いた無菌操作を必要とする．操作①～⑥のコンピテントセルの作製までは経験豊かな指導者が行ってもよい．

（1）大腸菌の準備培養

① 第1日 夕方，大腸菌ストックを抗菌剤を含まないLB寒天培地にストリークする．
② 第2日 朝，コロニーを確認して冷蔵庫に保管．夕方シングルコロニーをピックアップし，LB培地3 mlを入れた滅菌済みの培養用試験管により37℃で振とう培養を開始する．

（2）コンピテントセルの作製

③ 第3日；操作③～⑩ 朝，大腸菌の大量培養を開始する．LB培地100 mlを含む300～500 mlのフラスコに（1）で準備した大腸菌培養液3 mlを無菌的に加え，37℃で振とう培養する．
④ 30分，60分，90分に無菌的に培養液1 mlを取り出し，LB培地を空試験として600 nmの吸光度を測定する．片対数グラフ用紙の縦軸に吸光度（対数目盛），横軸に時間をとり，測定値から得られた増殖曲線をもとに吸光度が0.4に達する時間を予想する（X分後とする）．X分後に培養を停止し，ただちに培養液を氷水で10分間冷却後，無菌的に遠心分離（4℃，4000 g，5分間）して集菌する．
⑤ 上清を取り除き（上清は一つにまとめて滅菌後流しに捨てる），0℃のTris-Ca溶液50 mlを菌体に加え懸濁し，10分間氷中に静置する．
⑥ 遠心分離（4℃，4000 g，5分間）して集菌し，0℃のTris-Ca溶液10 mlに菌体を懸濁する．60分氷中に静置後，コンピテントセルとする（菌体濃度：およそ$5 \times 10^8 - 10^9$細胞/ml）．

（3）コンピテントセルへの外来遺伝子導入——トランスフォーメーション

⑦ 外来遺伝子pUC19をTE溶液で1，0.1，0.01 ng/μlとなるように希釈し，エッペンドルフチューブに入れる．
⑧ コンピテントセルを4本のエッペンドルフチューブに100 μlずつ分注する．おのおのに⑦の1，0.1，0.01 ng/μl pUC19溶液およびTE溶液を1 μlずつ加えて，チップを2～3回軽く回転させて攪拌する．コンピテントセルは物理的刺激に弱いので，激しく攪拌してはいけない．チューブを氷中（0℃）に15分～60分間静置する．
⑨ ウォーターバスを用いて42℃，50秒間熱処理後，2分間氷中に静置，LB培地を400 μl加えて37℃で15分～60分間培養する（連続的に振とうまたは10分に1回程度強く振とうする程度でもよい）．

（4）プレーティングと培養

⑩　4種類の寒天培地（LB寒天培地，アンピシリン選択培地，アンピシリン/X-gal培地，およびIPTG誘導選択培地）をそれぞれ4枚，計16枚用意する．⑧，⑨で調整した4種類の菌液を$100\mu l$ずつ加えてコンラジ棒で塗布し，37℃で一晩培養する．

（5）コロニーの観察

⑪　第4日　朝，コロニーが適当な大きさになっていれば冷蔵庫保存する．4℃で2〜3時間静置すると青色の発色がよいことも多い．各プレートのコロニー数を数える．カウント後，プレート，ほかの組換え体に触れた器具，試薬などはオートクレーブ滅菌後，適切に処理・廃棄する．

■ まとめ

①　外来遺伝子量とコロニー数の相関を調べる．また，コンピテントセルへの遺伝子導入効率を計算する．それらのデータを実験者間で比較し，再現性を検討し，バラツキの原因を考察する．

②　プラスミドDNAは情報であり，試験管内でDNAそのものが機能をもつタンパク質に変化することはない．しかし，大腸菌に導入し，その情報（遺伝子）を発現させると，タンパク質がつくられてさまざまな機能を発揮する．これらの，プラスミド・大腸菌における情報と機能の流れを模式的に示し，説明する．

■ 課題

身の回りの遺伝子組換え食品について，何に，どのような遺伝子が組み込まれているのかを，また，その安全性の評価法を調べる．

＊1　http://www.mext.go.jp/a_menu/shinkou/seimei/04022302.htm
＊2　http://gillnet.lab.nig.ac.jp/~cvector/NIG_cvector/aboutj.html

■ 参 考 書 ■

谷口巳佐子，奥田義博 編，「生化学実験」，講談社サイエンティフィク (1989).

村上俊男 編著，「食品・栄養学実験」，建帛社 (1998).

高野克巳，渡部俊弘 編著，「食品理化学実験書」，三共出版 (2000).

化学同人編集部 編，「実験を安全に行うために」，化学同人 (1975).

化学同人編集部 編，「続 実験を安全に行うために」，化学同人 (1977).

J. C. Miller, J. N. Miller 著，宗森 信 訳，「データのとり方とまとめ方」，共立出版 (1991).

阿南功一，阿部喜代司，原 諭吉 著，〈臨床検査学講座〉「生化学」，医歯薬出版 (2001).

福田 満 編，〈食品・栄養科学シリーズ〉「生化学」，化学同人 (2000).

奥 恒行，藤田美明 編，「生化学」，朝倉書店 (1996).

亜佐美章治ほか，「生理・生化学実験」，地人書館 (1999).

神奈川県栄養士養成施設協会カリキュラム研究会 監修，「生化学実験書」，第一出版 (1995).

藤田修三ほか，「食品学実験書」(第2版)，医歯薬出版 (2002).

廣田才之ほか，「栄養生化学実験」，共立出版 (1998).

日本生化学会 編，「基礎生化学実験法」，東京化学同人 (2000).

中西広樹，西方敬人，「バイオ実験イラストレイテッド1　分子生物学実験の基礎」，秀潤社 (1995).

中西広樹，西方敬人，「バイオ実験イラストレイテッド2　遺伝子解析の基礎」，秀潤社 (1995).

泉 美治，中川八郎，三輪谷俊夫 編，「生物化学実験のてびき3　核酸の分離・分析法」，化学同人 (1986).

David T. Plummer 著，廣海啓太郎ほか 訳，「実験で学ぶ生化学」，化学同人 (1990).

駒野 徹 編，「組換え DNA 実験入門」，学会出版センター (1994).

下西康嗣，永井克也，長谷俊治，本田武司 編，「新・生物化学実験のてびき3　核酸の分離・分析と遺伝子実験法」，化学同人 (1996).

八木達彦，近江谷克祐，桑原真由美 著，「生化学実験法」，東京化学同人 (1998).

林 淳三 編，「生化学実験」，建帛社 (1991).

近藤義和ほか 著，〈食物と栄養の化学10〉「栄養生理・生化学実験」，朝倉書店 (1986).

相原英孝ほか 著，「イラスト 生化学実験」，東京教学社 (1995).

日本生化学会 編，〈生化学実験講座5〉「酵素研究法 (上)」，東京化学同人 (1975).

浅野 勉ほか 著，「生化学実験書」，第一出版 (1990).

参 考 書

青木幸一郎ほか 著,「電気泳動実験法」, 廣川書店 (1972).

坂本 清 著,「栄養のための生化学実験」, 三共出版 (1989).

北村元仕 編,「臨床検査マニュアル」, 文光堂 (1994).

福岡良男, 伊藤忠一, 福岡良博, 佐藤進一郎, 安藤清平,「臨床免疫学」, 医歯薬出版 (2001).

大沢利昭, 奥村 康, 矢田純一, 永井克孝,「分子免疫学 III」, 東京化学同人 (1991).

付録

付録❶ 緩衝液

1 酢酸ナトリウム-塩酸緩衝液

pH	0.65	0.75	0.91	1.09	1.24	1.42	1.71	1.85	1.99	2.32	2.64	2.72
1 M HCl (ml)	100	90	80	70	65	60	55	53.5	52.5	51.0	50.0	49.75
1 M 酢酸ナトリウム	50	50	50	50	50	50	50	50	50	50	50	50

pH	3.09	3.29	3.49	3.61	3.79	3.95	4.19	4.39	4.58	4.76	4.95	5.20
1 M HCl (ml)	48.5	47.5	46.25	45.0	42.5	40.0	35.0	30.0	25.0	20.0	15.0	10.0
1 M 酢酸ナトリウム	50	50	50	50	50	50	50	50	50	50	50	50

水で全量を 250 ml とする

2 酢酸ナトリウム-酢酸緩衝液

pH	3.6	3.8	4.0	4.2	4.4	4.6	4.8	5.0	5.2	5.4	5.6
0.2 M 酢酸 (ml)	92.5	88.0	82.0	73.5	63.0	51.0	40.0	29.5	21.0	14.5	9.5
0.2 M 酢酸ナトリウム	7.5	12.0	18.0	26.5	37.0	49.0	60.0	70.5	79.0	85.5	90.5

3 クエン酸ナトリウム-水酸化ナトリウム緩衝液

pH	4.96	5.02	5.11	5.31	5.57	5.96	6.34	6.69
0.1 M クエン酸ナトリウム	100.0	95.0	90.0	80.0	70.0	60.0	55.0	52.5
0.1 M NaOH (ml)	0	5.0	10.0	20.0	30.0	40.0	45.0	47.5

4 リン酸塩緩衝液

pH	5.7	5.8	5.9	6.0	6.1	6.2	6.3	6.4	6.5	6.6	6.7	6.8
0.2 M KH_2PO_4 (ml)	93.5	92.0	90.0	87.7	85.0	81.5	77.5	73.5	68.5	62.5	56.5	51.0
0.2 M Na_2HPO_4	6.5	8.0	10.0	12.3	15.0	18.5	22.5	26.5	31.5	37.5	43.5	49.0

pH	6.9	7.0	7.1	7.2	7.3	7.4	7.5	7.6	7.7	7.8	7.9	8.0
0.2 M KH_2PO_4 (ml)	45.0	39.0	33.0	28.0	23.0	19.0	16.0	13.0	10.5	8.5	7.0	5.3
0.2 M Na_2HPO_4	55.0	61.0	67.0	72.0	77.0	81.0	84.0	87.0	89.5	91.5	93.0	94.7

5 トリス緩衝液

pH	7.20	7.36	7.54	7.66	7.77	7.80	7.96	8.05	8.14	8.23	8.32	8.40
0.2 M トリス(ヒドロキシメチル)アミノメタン	25.0	25.0	25.0	25.0	25.0	25.0	25.0	25.0	25.0	25.0	25.0	25.0
0.1 M HCl (ml)	45.0	42.5	40.0	37.5	35.0	32.5	30.0	27.5	25.0	22.5	20.0	17.5

pH	8.50	8.62	8.74	8.92	9.10
0.2 M トリス(ヒドロキシメチル)アミノメタン	25.0	25.0	25.0	25.0	25.0
0.1 M HCl (ml)	15.0	12.5	10.0	7.5	5.0

水で全量を100 ml とする

6 水酸化アンモニウム-塩化アンモニウム緩衝液

pH	8.00	8.30	8.58	8.89	9.19	9.50	9.80	10.10	10.40	10.70	11.00
0.1 M NH₄OH (割合)	1	1	1	1	1	1	2	4	8	16	32
0.1 M NH₄Cl	32	16	8	4	2	1	1	1	1	1	1

7 クエン酸-リン酸水素ナトリウム緩衝液

pH	2.2	2.4	2.6	2.8	3.0	3.2	3.4	3.6	3.8	4.0	4.2	4.4
0.1 M クエン酸 (ml)	98.0	93.8	89.1	84.15	79.45	75.3	71.5	67.8	64.5	61.45	58.6	55.9
0.1 M Na₂HPO₄	2.0	6.2	10.9	15.85	20.55	24.7	28.5	32.2	35.5	38.55	41.4	44.1

pH	4.6	4.8	5.0	5.2	5.4	5.6	5.8	6.0	6.2	6.4	6.6	6.8
0.1 M クエン酸 (ml)	53.25	50.7	48.5	46.4	44.25	42.0	39.55	36.85	33.9	30.75	27.25	22.75
0.1 M Na₂HPO₄	46.75	49.3	51.5	53.6	55.75	58.0	60.45	63.15	66.1	69.25	72.75	77.25

pH	7.0	7.2	7.4	7.6	7.8	8.0
0.1 M クエン酸 (ml)	17.65	13.05	9.15	6.35	4.25	2.75
0.1 M Na₂HPO₄	82.35	86.95	90.85	93.65	95.75	97.25

付録❷　おもな容量分析用指示薬

指示薬		つくり方	酸性色	変色域 (pH)	アルカリ性色
ブロムフェノールブルー	(BPB)	0.1%(50%エタノール)溶液	黄	3.0〜4.6	青
メチルオレンジ	(MO)	0.1% 水溶液	赤	3.1〜4.5	橙黄
ブロムクレゾールグリーン	(BCG)	0.05%(95%エタノール)溶液	黄	3.8〜5.4	青
メチルレッド	(MR)	0.1%(95%エタノール)溶液	赤	4.4〜6.3	黄
ブロムチモールブルー	(BTB)	0.1%(50%エタノール)溶液	黄	6.0〜7.8	赤
フェノールレッド	(PR)	0.1%(20%エタノール)溶液	黄	6.8〜8.4	赤
フェノールフタレイン	(PP)	1%(95%エタノール)溶液	無	8.0〜9.8	紅
チモールフタレイン	(TP)	0.1%(95%エタノール)溶液	無	9.3〜10.5	青
混合 ブロムクレゾールグリーン	(BCG)	0.1%(95%エタノール)溶液（3容）	明るい赤色	5.1 (赤ぶどう酒色)	青緑
メチルレッド	(MR)	0.2%(95%エタノール)溶液（1容）			
混合 メチルレッド	(MR)	0.2%(95%エタノール)溶液（1容）	赤紫	5.4 (灰)	緑
メチレンブルー	(MB)	0.1%(95%エタノール)溶液（1容）			
混合 ニュートラルレッド	(NR)	0.1%(95%エタノール)溶液（1容）	青紫	7.0 (灰)	緑
メチレンブルー	(MB)	0.1%(95%エタノール)溶液（1容）			

付録❸　固形硫安添加量*と%飽和度の関係

		硫安の終濃度 (%飽和)															
		10	20	25	30	33	35	40	45	50	55	60	65	70	75	80	90	100
試料液の硫安の初濃度 (%飽和)	0	56	114	144	176	196	209	243	277	313	351	390	430	472	516	561	662	767
	10		57	86	118	137	150	183	216	251	288	326	365	406	449	494	592	694
	20			29	59	78	91	123	155	189	225	262	300	340	382	424	520	619
	25				30	49	61	93	125	158	193	230	267	307	348	390	485	583
	30					19	30	62	94	127	162	198	235	273	314	356	449	546
	33						12	43	74	107	142	177	214	252	292	333	426	522
	35							31	63	94	129	164	200	238	278	319	411	506
	40								31	63	97	132	168	205	245	285	375	469
	45									32	65	99	134	171	210	250	339	431
	50										33	66	101	137	176	214	302	392
	55											33	67	103	141	179	264	353
	60												34	69	105	143	227	314
	65													34	70	107	190	275
	70														35	72	153	237
	75															36	115	198
	80																77	157
	90																	79

＊　試料液1 l 当たりの量（g）

付録❹ 遠心加速度計算表

$$f\,(\times g) = 1118 \times R\,(\text{cm}) \times N^2\,(\text{rpm}) \times 10^{-6}$$

※回転半径と回転数を結ぶと遠心加速度が得られます．回転数と遠心加速度の尺度は右側と右側，左側と左側が対応します．

回転半径 R (cm)	遠心加速度 f ($\times g$)	回転数 N (rpm)

(「日立高速冷却遠心機用アングルロータ取扱説明書」より)

付録❺ ヒト血液のおもな成分値および生化学検査値

正常値	測定方法，備考
A．血液成分値	
1．赤血球（RBC）（EDTA血）	
男　470 ± 70 × 10^4/mm^3（静脈血） 女　430 ± 60 × 10^4/mm^3	自動血球計数器法
男　410〜530 × 10^4/μl（毛細管血） 女　380〜480 × 10^4/μl	視算法
2．血色素量（Hb）（EDTA血）	
男　14〜18 g/dl 女　12〜16 g/dl	ザーリ法
男　16.0 ± 2 g/dl 女　14.0 ± 2 g/dl	シアンメト-ヘモグロビン法 （国際基準測定法）
3．ヘマトクリット（Ht；赤血球容積）（EDTA血）	
男　45 ± 5％ 女　40 ± 5％	高速遠心器による毛細管法
4．血液比重（EDTA血）	
男　1.055〜1.063 女　1.052〜1.060	硫酸銅法
5．白血球数（WBC）（EDTA血）	
6700 ± 2000/mm^3（静脈血）	自動血球計数器法
5000〜8500/μl（毛細管血）	視算法
6．血小板数（PLT）（EDTA血）	
15〜35 × 10^4/mm（静脈血）	自動血球計数器法
14〜34 × 10^4/μl（毛細管血）	視算法
B．血中タンパク質・クレアチン・尿酸値など	
1．血清総タンパク（total protein）	
6.3〜8.2 g/dl	比色法（ビウレット法），屈折計法
2．血清アルブミン	
3.5〜5.2 g/dl	比色法
3．血清A/G比（アルブミン/グロブリン比）	
1.6〜2.5	セルロース・アセテート膜電気泳動法
4．血清タンパク分画	
Alb　　61.4〜72.4％ α_1　　1.8〜 3.4％ α_2　　4.8〜 9.0％	セルロース・アセテート膜電気泳動法

β 5.9〜10.4% γ 11.1〜19.5%	

5．アンモニア窒素

28〜70 μg N/dl	（全血）	酵素法
18〜48 μg N/dl		イオン交換樹脂インドフェノール法
110〜130 μg N/dl		直接比色法

6．アミノ酸窒素

3.6〜7.0 mgN/dl（血清または全血）	DNP法

7．尿酸（uric acid）

男 3.0〜7.8 mg/dl 女 2.5〜6.8 mg/dl （血清）	還元法，酵素法

8．血中クレアチン

男 0.2〜0.6 mg/dl 女 0.4〜0.9 mg/dl （血清または全血）	Folin-Wu法，酵素法

9．血中クレアチニン

男 1.1〜1.7 mg/dl 女 0.9〜1.5 mg/dl （血清または全血）	Folin-Wu法

10．血中尿素窒素（BUN）

8〜20 mgN/dl（血清）	ジアセチルモノオキシム法， ウレアーゼ・インドフェノール法

C．血液中の脂質

1．総脂質

355〜710 mg/dl（血清）	酸化比色法

2．総コレステロール

120〜250 mg/dl	（血清）	酵素法
140〜250 mg/dl		o-フタルアルデヒド法
80〜170 mg/dl		エステル型

3．コレステロールエステル

総コレステロールの60〜80%（血清）	

4．HDL-コレステロール

男（成人）37〜71 mg/dl 女（成人）43〜78 mg/dl （血清）	沈殿法

5．トリグリセリド（TG，中性脂肪）

60〜160 mg/dl（血清）	酵素法，アセチルアセトン法

6．リン脂質

150～250 mg/dl（血清）	酵素法, 化学法

7．遊離脂肪酸（FFA または NEFA）

250～600 μEq/l （血清）	酵素法
120～700 μEq/l	化学法

8．リポタンパク分画比

α（HDL）　　　　3～25% pre-β（VLDL）　10～25% β（LDL）　　　40～65% カイロミクロン　0～5%	アガロースゲル電気泳動法

9．過酸化脂質

2.3～5.8 nmol/ml（血清）	TBA法

D．血液中の無機質

1．血清ナトリウム（Na）

134～146 mEq/l	ガラス電極法, 炎光光度法

2．血清カリウム（K）

3.2～4.8 mEq/l	炎光光度法, ガラス電極法

3．血清クロール（Cl）

98～108 mEq/l	銀電極法, Schales-Schales法

4．血清マグネシウム（Mg）

1.5～2.0 mEq/l	原子吸光法

5．血清カルシウム（Ca）

8.4～10.2 mg/dl	OCPC（*o*-cresol phtalen complexone）法

6．血清無機リン（P）

2.9～4.3 mg/dl	Fiske-Subbarow法

7．血清鉄（Fe）

男　80～150 μg/dl 女　70～110 μg/dl	バソフェナントロリン法

E．血液中の酵素活性値

1．GOT（グルタミン酸オキサロ酢酸トランスアミナーゼまたはアスパラギン酸アミノトランスフェラーゼ：AST）

8～40 KU（血清）	カルメン法, ライトマン・フランケル法 （KU；カルメン単位）

2．m-GOT（ミトコンドリアGOT）

7.0 KU以下（血清）	免疫反応-UV法

3．GPT（グルタミン酸ピルビン酸トランスアミナーゼまたはアラニンアミノトランスフェラーゼ）	
5〜35 KU（血清）	カルメン法，ライトマン・フランケル法（KU；カルメン単位）

4．乳酸脱水素酵素（LDH）	
100〜600 WU	Wroblewski-la Due 法
55〜130 U/l	Amador-Dorfman-Wacker 法

5．LCAT（レシチンコレステロールアシルトランスフェラーゼ）	
72〜131 nmol/ml/時間（血清）	長崎–赤沼法

6．OCT（オルニチンカルバミルトランスフェラーゼ）	
0〜10 IU/l	Citruline 比色定量法

7．コリンエステラーゼ（ChE）	
0.8〜1.1 ΔpH	高橋–柴田法
400〜800 IU/l	酵素法

8．クレアチンキナーゼ（CK）およびそのアイソザイム	
男　5〜50 IU/l（血清） 女　5〜30 IU/l	Rosalki 法

9．アルドラーゼ（ALD）	
0〜12 Bruns 単位	Warburg-Christian 法

10．α-アミラーゼ	
80〜200 SU，130〜400 IU/l	色素沈殿法 （SU；ソモギー単位，IU；SU × 1.85）

付録❻　ラット血液生化学検査値

Sprague-Dawley 系；SD ラット：平均月齢11か月前後
Wistar 系；W ラット：18～20週齢

系　統		正常値	系　統		正常値
1．尿素窒素			2．クレアチニン		
SD ラット	オス メス	19 ± 2.2 mg/dl 21 ± 3.4 mg/dl	SD ラット	オス メス	0.7 ± 0.11 mg/dl 0.7 ± 0.13 mg/dl
W ラット	オス メス	15.2～23.3 mg/dl 15.7～24.6 mg/dl	W ラット	オス メス	0.84～1.10 mg/dl 0.79～1.27 mg/dl
3．総タンパク			4．糖		
SD ラット	オス メス	7.1 ± 0.54 g/dl 7.7 ± 0.65 g/dl	SD ラット	オス メス	115 ± 16.9 mg/dl 111 ± 17.2 mg/dl
W ラット	オス メス	5.9～7.7 g/dl 5.7～7.1 g/dl	W ラット	オス メス	110～180 mg/dl 96～182 mg/dl
5．総コレステロール			6．トリグリセリド（中性脂肪）		
SD ラット	オス メス	119 ± 51.3 mg/dl 119 ± 29.0 mg/dl	SD ラット	オス メス	266 ± 121.4 mg/dl 249 ± 159.7 mg/dl
W ラット	オス メス	56.9～73.0 mg/dl 78.7～101.9 mg/dl	W ラット	オス メス	58.1～238.0 mg/dl 32.0～102.7 mg/dl
7．カルシウム（Ca）			8．無機リン（P）		
SD ラット	オス メス	12.0 ± 0.94 mg/dl 12.1 ± 0.71 mg/dl	SD ラット	オス メス	7.3 ± 1.53 mg/dl 5.8 ± 1.10 mg/dl
W ラット	オス メス	9.6～10.3 mg/dl 8.6～11.8 mg/dl	W ラット	オス メス	5.1～6.6 mg/dl 3.9～6.3 mg/dl
9．GOT			10．GPT		
W ラット	オス メス	73～156 IU/l 82～237 IU/l	W ラット	オス メス	44～65 IU/l 34～126 IU/l
11．ALP			12．A/G		
W ラット	オス メス	68～91 IU/l 52～73 IU/l	W ラット	オス メス	0.7～1.2 0.7～1.3

索　引

■ A～Z ■

A/G 比	106
ALP	112
ALT	110
AST	110
CM-セルロース	56, 58
DL-アラニン	109
DNA	60, 63, 65
DNA 量	96
ELISA (enzyme-linked immunosorbent assay)	126
GOT	109
GPT	109
IgE 結合	126
IPTG	131
K_m	91
LDH	113
L-アスパラギン酸	109
MDH	111
Nelson 試薬	24
Parnas 変法	121
pH	15
pH 試験紙	15
pH メーター	15
p-ニトロフェニルリン酸	89
p-ニトロフェノール	89, 112
RNA	60, 61
Sephadex	57
T_m	67
TNBS 法	84
V_{max}	91
X-gal	131

■ あ ■

アスコルビン酸	72
アスパラギン酸アミノ基転移酵素	110
アスパラギン酸アミノトランスフェラーゼ	110
アラニンアミノ基転移酵素	110
アラニンアミノトランスフェラーゼ	110
アルカリ性ホスファターゼ	110
α-アミノ酸	47
α-ケトグルタル酸	109
アルブミン	54
アルブミン/グロブリン（A/G）比	106
アンピシリン	131
イオン交換クロマトグラフィー	56
イオン交換用の担体	56
イミノ酸	49
インドフェノール反応	70
ウレアーゼ-インドフェノール法	119
ウロビリノーゲン	114
上皿天秤	34
液化力	82
エキソペプチダーゼ	84
エタノール沈殿	65
遠心分離	35
遠心分離器	34
高速冷却──	88
エンドペプチダーゼ	84
2-オキソグルタル酸	109
オルシノール法	61

■ か ■

核酸	34, 60, 67
ガラスホモジナイザー	95
カラム	57
カルメン（Karmen）単位	110
緩衝液	16
肝ホモジネート	34
キサントプロテイン反応	47

基質濃度	91
キモトリプシン	84
吸光係数（$E_{1cm}^{1\%}$）	52
吸収極大	21, 23
組換え DNA	129
グリコーゲン	34
グリコーゲン標準液	36
グルコースオキシダーゼ法	31
グルタミン酸オキサロ酢酸トランスアミナーゼ	110
グルタミン酸ピルビン酸トランスアミナーゼ	110
クレアチニン	116
クレアチン	116
グロブリン	54
クロマトグラフィー	53
血漿	100
血清	100
血清タンパク質	104
血清鉄	76
血糖曲線	33
血糖値	31
ケトン体	114
ケルダール法	121
ゲルろ過	56
ケン化	40
検量線	22
抗凝血剤	100
酵素活性	92, 98
高速冷却遠心分離機	88
酵素反応	89
国際単位系	6
コハク酸デヒドロゲナーゼ	97
コレステロール	40, 46
コンピテントセル	130

■ さ ■

細胞小器官	94
細胞分画	94
ザルコウスキー反応	40
酸性ホスファターゼ	88
シアンメトヘモグロビン	102
紫外部吸収法	51
ジフェニルアミン法	63
シュウ酸標準溶液	18
シュミット・タンハウザー・シュナイダー法	60
少糖類	29
水素イオン濃度指数	15
生成物	91
赤血球容積比率	101
摂食	34
絶食	34
セファデックス（Sephadex）	56
ゼラチンの消化	81
セリワノフ（Seliwanoff）反応	29
セルロースアセテート膜	104
セルロースアセテート膜電気泳動	104
総窒素	121
ソモギー・ネルソン（Somogyi-Nelson）法	23

■ た ■

大腸菌	129
耐糖能	32
耐糖能試験	32
唾液アミラーゼ	82
多糖類	29
単糖類	29
タンパク質	34, 47
血清——	104
ヒト正常血清——	106
チオクローム反応	70
チトクローム c	57
中性脂肪	39, 45
中和滴定法	18
沈降反応	125
沈降輪	126
デンシトメーター	107
デンプンの消化	80
糖化力	82
銅試薬	24
等電点	55, 104
糖尿病域	33
糖負荷試験	33
トランスフェリン	77
トランスフォーメーション	132
トリクロロ酢酸	47
トリプシン	84

トリプシンインヒビター	86
トレーラン G75	33

■ な ■

24時間尿	115
乳酸脱水素酵素	111
乳脂肪の消化	81
尿素窒素	120
尿中塩素	76
尿中尿素窒素	119
ニンヒドリン反応	47
濃色効果	67
濃度	7

■ は ■

白血球のエステラーゼ	115
バーフォード（Barfoed）反応	29
パンクレアチン	79
反応速度	91
反応速度式	93
ビアル（Bial）反応	29
ビウレット反応	47
比活性	92, 98
ピクリン酸	116
ピクリン酸-クレアチニン	116
比色定量	21
ビタミン	
—— B_1	70
—— B_2	70
—— C	70, 72
—— D	70
—— E	70
ヒト正常血清タンパク質	106
ビリルビン	114
ピルビン酸標準液	110
ファクター	19
フェノール硫酸法	36
フェノールレッド	79
フェリチン	77
フェーリング反応	79
プラスミド	129
ブロックマン・チェン反応	70
プロテアーゼ	84

分光光度計	7, 107
分子吸光係数	59, 98
分取	57
分子量	56, 59
β-NADH	111
β-ガラクトシターゼ	129
β-ニコチンアミドアデニンジヌクレオチド還元型	111
β-ラクタマーゼ	129
ベネディクト（Benedict）反応	29
ペプシン	84
ヘマトクリット	100
ヘマトクリット値	101
ヘモグロビン	57, 77, 101
ペルオキシダーゼ	31
芳香族アミノ酸	51
飽和硫酸アンモニウム溶液	54
ホープキンス・コール反応	48
ホモジナイズ	94
ホモジネート	94
ホルチ法	43
ボルテックスミキサー	36

■ ま ■

マーカー酵素	97
ミオグロビン	57
ミカエリス-メンテンの式	93
ミクロ・ケルダール（micro-Kjeldahl）法	121
ミネラル	75
ミロン反応	48
ミロン変法試薬	48
無機質	75
免疫交叉性	128
モーリッシュ（Molisch）反応	29
モル	7
モール法	76

■ や ■

ヤッフェ（Jaffe）の方法	116
融解温度	67
融解曲線	67
有効桁数	7
有効数字	7

溶解性	54	リソゾーム	88
ヨウ素デンプン反応	79	リーベルマン・ブルハルト反応	40
容量分析	18	硫化鉛反応	48
		硫酸アンモニウム飽和溶液	47

■ ら ■

		リンゴ酸脱水素酵素	111
ラインウィーバー・バークのプロット	92	リン脂質	39, 41
ラット血清	105	ルミフラビン反応	70
ランバート・ベールの法則	21	ローリー（Lowry）法	50, 54, 88, 96

編者略歴

田代　操
（たしろ　みさお）

1948年北海道生まれ．1972年京都府立大学農学部農芸化学科卒業．1974年京都府立大学大学院農学研究科修士課程修了．京都府立大学家政学部助手，同大学生活科学部助教授，武庫川女子大学生活環境学部食物栄養学科教授を経て，現在，武庫川女子大学名誉教授．農学博士．専門は栄養化学．現在の研究テーマは「抗糖尿病因子としての酵素インヒビターの栄養生理学的意義」，「タンパク質性インヒビターの構造と機能」など．

第1版　第1刷　2004年9月25日
　　　第26刷　2025年2月10日

検印廃止

JCOPY 〈出版者著作権管理機構委託出版物〉

本書の無断複写は著作権法上での例外を除き禁じられています．複写される場合は，そのつど事前に，出版者著作権管理機構（電話 03-5244-5088, FAX 03-5244-5089, e-mail: info@jcopy.or.jp）の許諾を得てください．

本書のコピー，スキャン，デジタル化などの無断複製は著作権法上での例外を除き禁じられています．本書を代行業者などの第三者に依頼してスキャンやデジタル化することは，たとえ個人や家庭内の利用でも著作権法違反です．

乱丁・落丁本は送料小社負担にてお取りかえします．

Printed in Japan　©　Misao Tashiro　2004
無断転載・複製を禁ず

生化学実験

編　者　田代　操
発 行 者　曽根　良介
発 行 所　㈱化学同人

〒600-8074　京都市下京区仏光寺通柳馬場西入ル
編 集 部　Tel 075-352-3711　Fax 075-352-0371
企画販売部　Tel 075-352-3373　Fax 075-351-8301
振替　01010-7-5702
e-mail webmaster@kagakudojin.co.jp
URL https://www.kagakudojin.co.jp

印　刷　創栄図書印刷㈱
製　本

ISBN978-4-7598-0969-5